大数据科学丛书

数据流时间序列分析新进展

宋春瑶 葛廷健 著

高等教育出版社·北京

图书在版编目（CIP）数据

数据流时间序列分析新进展 / 宋春瑶，葛廷健著
. -- 北京：高等教育出版社，2020.9
（大数据科学丛书）
ISBN 978-7-04-053639-3

Ⅰ.①数… Ⅱ.①宋… ②葛… Ⅲ.①数据处理–时
间序列分析 Ⅳ.①TP274

中国版本图书馆 CIP 数据核字（2020）第 025048 号

| 策划编辑 | 刘 英 | 责任编辑 | 刘 英 | 封面设计 | 张志奇 | 版式设计 | 徐艳妮 |
| 插图绘制 | 于 博 | 责任校对 | 窦丽娜 | 责任印制 | 毛斯璐 | | |

出版发行	高等教育出版社		网　　址	http://www.hep.edu.cn
社　　址	北京市西城区德外大街4号			http://www.hep.com.cn
邮政编码	100120		网上订购	http://www.hepmall.com.cn
印　　刷	三河市华骏印务包装有限公司			http://www.hepmall.com
开　　本	787mm×1092mm　1/16			http://www.hepmall.cn
印　　张	12.5			
字　　数	230 千字		版　　次	2020年9月第1版
购书热线	010-58581118		印　　次	2020年9月第1次印刷
咨询电话	400-810-0598		定　　价	69.00 元

作 者 简 介

宋春瑶，2010 年获南开大学软件工程学士学位，2015 年获麻省大学罗威尔分校计算机科学博士学位，现任南开大学计算机与控制工程学院讲师。目前主要研究方向包括数据库系统及管理、不确定数据、数据流、科学数据库、图数据以及大数据。主持天津市自然科学基金及国家自然科学基金项目，天津市"131"创新型人才第三层次人选。发表 SCI/EI 检索论文 10 余篇。

葛廷健，1994 年获清华大学计算机科学与技术学士学位，1998 年获加州大学戴维斯分校计算机科学硕士学位，2006 年及 2009 年分获布朗大学计算机科学硕士和博士学位。在攻读博士学位之前，曾在美国 Informix 数据库公司以及 IBM 公司工作 6 年。现任麻省大学罗威尔分校计算机系副教授。目前主要研究方向包括数据管理及大数据分析、数据流、图数据、噪声和不确定数据以及数据安全和隐私。主持 5 项美国国家自然科学基金项目，获美国国家自然科学基金会青年教授成就奖（Career Award）。发表学术论文 40 余篇，出版专著 1 部。

前　言

在互联网 + 的数据时代, 海量的数据每时每刻都在产生, 而这些数据与它们产生的时间点联合就构成了有序的基于时间的序列数据。在这些基于时间排序的序列数据中, 根据模型及其解决方法的难易程度排列, 最简单的模型即静态序列上的问题研究。通常情况下, 对此类数据的查询响应时间要求不高, 能够允许一定程度的延迟。当模型发展为动态数据流模型后, 即意味着数据的流速通常是高速的, 数据流的实时性通常也意味着查询应答的实时性, 对这一类数据的应答响应时间通常也有较高要求。因此, 动态数据流上的数据挖掘与事件发现, 通常比静态时间序列上的问题更为复杂。数据流模型中的数据本身除了数据与时间戳相关联, 能够表示先后顺序外, 数据项之间通常是相互独立的, 当模型进一步复杂化, 数据流中的数据项是图中的一条边时, 数据项之间就产生了结构上的相互关联, 即模型进一步复杂化, 由普通的数据流发展为图数据流。

另外, 作为一个具有鲁棒性的数据流支持系统, 对数据的保护也是必不可少的。

本书共分为 8 章, 根据时间序列及数据流模型的复杂程度, 由易到难, 围绕大数据流及数据序列中遇到的新问题分章节给出问题描述、解决方案以及实验结果, 并简要介绍了相关工作。具体包括静态时间序列上的事件发现问题、动态数据流上的事件发现问题、图数据流上的事件发现问题、图数据流上的通用事件查询问题、数据流中的查询处理时间分配问题以及动态数据流系统中的数据保护问题。最后, 本书汇总了可用于流数据问题实验的真实数据集, 供研究人员实验复用。

第 1 章综述。根据问题模型的复杂程度, 由易到难, 就本书涉及的具体问题给出简要描述, 并通过具体例子给出各问题的应用场景, 对特定问题感兴趣的读者, 可直接阅读相关章节。

第 2 章介绍静态时间序列上的事件发现问题。首先对问题进行建模描述, 然后将问题进一步分解为单窗口最长公共子序列和窗口连接的最长公共子序列两个子问题, 之后进一步给出在实践中被证明很有效的近似算法。实验部分对各算法的性能、准确率以及分析等进行了验证。

第 3 章介绍动态数据流上的事件发现问题。首先对问题进行正式描述, 特别是动态数据流中考虑滑动窗口中的前 k 项频繁项问题, 之后对前 k 项频繁项问题提出了一个浮动 top-k 池的解决方案, 并对算法进行了复杂度和准确性方面的分析。实验部分针对提出的算法进行了实验, 并与其他方法进行了对比实验。

第 4 章介绍图数据流上的事件发现问题。首先对问题进行正式描述, 特别是图数据流上的模式匹配问题。首先提出能够满足要求但运行速度较慢的基本算法，之后在此基础上提出了基于数字签名理论的算法和着色算法，大大提高了系统运行效率。实验部分对书中提出的算法的运行效率及理论进行了验证。

第 5 章介绍图数据流上的通用事件查询问题。首先对问题进行描述，特别是对原始图数据流进行压缩存储的一个存储框架，能够在亚线性空间内对原始图数据流进行存储，并保留图数据流原始的拓扑结构及节点和边携带的标签信息。基于这一框架，给出具体的点查询、边查询及可达查询应答算法，并就其他查询以及扩展进行了探讨。实验部分对书中提出的各个算法的运行效率及准确度进行了验证，并与其他方法进行了比较。

第 6 章介绍动态数据流上的实时查询时间分配问题。首先提出了解决方案应满足的不同性质，随后分别针对无权查询、带权查询、在离线查询和在线查询方面给出优化算法，并对在线算法进行了竞争分析。实验部分对书中提出的算法进行了验证。

第 7 章介绍动态数据流系统中的数据保护问题。介绍了解决问题的软群体方案。在此基础上，针对自适应性、准确性、负载均衡等问题提出参数的自适应设置方法，并对系统可用性以及故障后恢复的准确度进行了分析。实验部分通过对不同参数的变化对系统性能进行了详细测试。

第 8 章介绍数据流模型的真实数据集。提供了大量可用于实验的真实数据集。对数据集的来源、数据结构、数据集的含义及其用途进行了具体介绍。从事流数据处理领域研究工作的读者可参考使用。

本书写作及出版得到了天津市自然科学基金（项目编号 17JCQNJC00200）以及国家自然科学基金（项目编号 61702285 及 61772289）的支持。感谢麻省大学罗威尔分校王杰教授及高等教育出版社编辑刘英博士在本书写作过程中提出的各项建议及大力支持，感谢南开大学计算机学院及数据库与信息系统实验室对本书成稿的大力支持。

本书不妥之处恳请读者不吝赐教。来信和建议请寄至作者的电子信箱：chunyao.song@nankai.edu.cn。

宋春瑶
南开大学计算机学院
天津市网络与数据安全技术重点实验室

葛廷健（T. Ge）
麻省大学罗威尔分校
2019 年 10 月

目　　录

第 1 章 绪 论

随着传感器、智能手机以及无线网络等的不断发展，在现代数据应用中，基于数据流和时间序列的应用及解决方案吸引了很多关注。时间序列数据和流数据一个较为显著的特点在于每一条数据都与一个时间戳，即数据与产生的时间相关联。数据根据时间排序形成一个具有先后顺序的序列。在这一序列中，历史数据的特性可能会对未来数据发展的预测起到积极的作用。而在实际应用中，较新的数据相比历史数据往往更加重要。

在时间序列与流数据的模型中，最为"简单"的一个模型是静态序列上的模型。这一模型只考虑时间上的先后顺序，对数据的访问可以多次重复地进行，对数据查询处理方面，也没有严格的实时性要求。当静态模型发展为动态流数据模型后，由于引入了实时性这一特性，数据的流速通常是高速的，对数据的访问也是有限次的，数据流的实时性通常也意味着数据查询处理的实时性，因此对数据查询处理的响应时间要求更高。在实时的流数据模型中，很多应用模型可以用图模型来表示，对于流模式下图数据的处理则更为复杂，除了需要解决在普通流数据模型中遇到的问题外，还需考虑流式图数据中边与边在结构上的相互关联。

本书按照时间序列和流数据模型从易到难的顺序，分别介绍了静态时间序列上的事件发现问题、动态数据流上的事件发现问题、图数据流上的事件发现问题以及图数据流上通用事件查询问题方面的研究。对于动态流数据，当数据流量太大，处理速度不能满足完全准确的应答时，近似查询成为一种通用的方式。在这种情况下，对于一个流数据服务系统，如何满足不同查询的准确度及实时响应度要求，并为其分配相应的处理时间，使整个系统性能达到最优，也是流数据处理中十分重要的一个问题。此外，为使一个流数据服务系统可靠性更高，对于服务所用到的数据也应进行相应的保护。由于动态流数据自身的特点，其与静态数据的保护有所不同。为使本书内容更为完整，特别地，本书对动态数据流上的实时查询时间分配问题以及数据保护问题进行了介绍。

本章将就以上问题给出具体应用场景，接下来的章节将针对每一个问题给出具体解决方案及相应的实验结果。章节之间具有一定的独立性，感兴趣的读者可直接参阅相应章节。最后，本书还提供了可用于流数据相关问题实验的真实数据集，可供研究人员实验复用。

1.1 静态时间序列事件发现

静态时间序列数据无处不在。序列可以在空间上，也可以在时间上。特别地，任何能够持续或间接地释放数据或事件日志的设备、传感器、智能手机或者软件都可能产生非常大的序列数据。一般情况下，一个序列可以被理解成一个有序的元组列表，其中每一个元组有几个属性。一些有趣的基本事件能够从元组序列中提取出来，并形成一个字符序列。为了完成这一目标，需要复杂事件匹配和频繁模式挖掘的复杂算法能够高效地运行。

例 1.1 医院为病人进行的检测以及一段时间记录各种活动的日志。比如在广泛使用的糖尿病数据 [1] 中，日志中记录的数据包括胰岛素的剂量、血糖值（早、午、晚餐前及餐后）、进食量以及运动量。值得关注的基本事件可能包括：

- 胰岛素类型（比如 R 表示普通胰岛素，N 表示鱼精蛋白锌胰岛素，U 表示长效胰岛素）

- 血糖值高/正常/低（比如 B 表示餐前血糖值高）

- 进餐量/运动量（比如 M 表示比日常多的进餐量，E 表示比日常少的运动量）

然后就可以得到一个字符串序列。假设有两个病人在开始只有轻微的糖尿病症状，但是日后发展成比较严重的糖尿病，通过比较两人的日志，医生可能会找到导致病人病情恶化的事件序列。

在例 1.1 中，两位病人各自的日志都是一个长序列，现在的问题是找到它们之间的公共子序列。最长公共子序列（LCS）是一个经典的计算机科学问题 [2]，即 LCS 是同时属于两个序列 s_1 和 s_2 的一个最长子序列。例如，如果 $s_1 = ECHEACEA$，$s_2 = DHEDCAH$，则 $LCS(s_1, s_2) = HECA$，因为这一序列能够通过在不改变剩余字符顺序的前提下，通过删除一些字符同时从 s_1 和 s_2 中派生。

然而，由于一个序列中的两个匹配事件可能相距较远，LCS 对于解决从两个长事件序列中获取最有意义的公共事件序列并不适用。这是因为，在两个匹配事件中间，可能会有时间上或数量上任意大小的间隙。这种匹配在通常情况下是无意义的，因此，复杂事件处理系统需要一个窗口约束条件（如 [3–5]）。在病人日志的例子中，假设一位病人在一周内几乎每一餐都多吃，而其他病人只在每三天中的一餐多吃，LCS 可能会找到一个并不能区分病人用餐行为的匹配序列，但很明显，第一位病人有着更大的健康隐患。

例 1.2 在罪行/安全调查中，警方可能拥有两名嫌疑人最近几年的地点/活动日志。警方怀疑这两名嫌疑人有着密切的合作关系（比如在同样的地点间隔一定的时间先后犯下罪行），即使他们并不在一起居住或活动。通过检查他们的活动日志，警方可能能够发现他们的犯罪规律。

基本事件（地点）可以用字符来表示，这样每一位嫌疑人就得到一个序列。同样，LCS 结果可能没有什么帮助，这是因为 LCS 可能找到两位嫌疑人在不同时间去了相同的地点，然而，这并不能说明他们是犯罪同伙。

第 2 章介绍了基于窗口链的最长公共子序列（WCLCS）。简单来说，该模型将基于应用需求的窗口作为单位，并从两个序列中分别检查两个窗口的匹配情况。例如，在例 1.1 中，窗口大小可能为一周（如用于比较两名患者在一周内的活动情况及测试结果，可能能够很好地说明这两名患者的状态）；而对于例 1.2 则使用一天作为窗口（假设已知这两名嫌疑人在某些天中结伙作案，但并不知道是哪些天）。

由于序列较长，对每个序列仅匹配一个窗口是不够的。匹配窗口可以被链起来，而最终希望能够找到最长的窗口链。图 1.1 对这一点做出了说明。其中包含两个约束条件：每个窗口的最小匹配密度 $d_{\min}$ 以及两个匹配窗口之间的最大间隙 $g_{\max}$。例如，对于例 1.1 和例 1.2，可以使用 $d_{\min} = 0.6$。例 1.1 可能有 $g_{\max} = \infty$（即没有间隙约束），而例 1.2 的 $g_{\max}$ 可能只有几小时，这在相邻窗口中增加了一些松弛度。

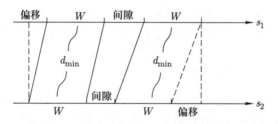

图 1.1 对 WCLCS 问题的说明。其中序列 s_1 中的一个窗口 W 与序列 s_2 中的一个窗口 W 以最小密度 $d_{\min}$ 进行匹配，随后在每个序列中跟随一个最大不超过 $g_{\max}$ 的间隙，随后跟随另一个窗口匹配。其中偏移是两个匹配窗口中时间上的绝对差值

WCLCS 中最后一个约束条件为最大偏移 $s_{\max}$。简单来说，一个偏移即是两个序列中两个匹配窗口在时间上的绝对差值，如图 1.1 所示。在例 1.2 中，由于两个嫌疑人应该在同一天一起作案，偏移 $s_{\max}$ 可以设为一天。以下是两个其他领域的应用示例，可以说明 WCLCS 问题的适用广泛程度。

例 1.3 在竞争情报中 [6]，当研究人员进行市场分析时，可研究两个竞争公司的股价。给出公司 A 和 B（或两个国家）的历史每小时股价序列，就能够派生出

两个序列，用于说明股价在前一小时的基础上是升高还是降低。在使用窗口大小为一周，最大偏移 s_{max} 为一个月时，WCLCS 可以被用来找到两个公司（或两个国家）股价变化的正相关情况，以说明行业趋势或全球经济趋势。参数 s_{max} 可使研究人员得知一个公司（或一个国家）的股价，在最大延迟为一个月时，在何时随另外一个公司（国家）的变化轨迹而变化。

例 1.4 美国一些汽车保险公司会在其客户的车辆安装一些传感器 [7]，这些传感器记录了客户的驾驶行为，比如车速、是否急刹车、转向或变道行为等。当获得两名事故较多的驾驶员的驾驶日志时，相关安全专家可能希望通过 WCLCS 找到他们的共有驾驶模式。窗口大小可以为 4 小时（一般情况下，一段旅程的持续时间不超过 4 小时），而最小匹配密度 d_{min} 可以为 0.6。通过比较他们的驾驶行为，安全研究人员试图得到威胁行车安全的驾驶模式。

在以上这些例子中，为了保留局部匹配的特征，窗口约束条件是必要的，而窗口链则将其扩展到整个序列上的全局匹配。本书第 2 章将重点展示静态时间序列上的事件发现问题。

1.2　动态数据流事件发现

在网络时代，数据正以史无前例的速度不断产生，如社交网络数据、Web 数据、业务和服务器日志以及来自物联网的数据，等等。对于这种实时数据流，在用户选择任意大小的窗口中动态查询最频繁热点项这一事件，通常是十分有用的。数据流服务器因此需要能高效地维护一个简洁的数据结构，来支持任意时刻对任意窗口大小中最频繁数据项的查询。

例 1.5 推特（Twitter）是一个十分流行的在线社交网络 [8]，其中的话题标签能够说明人们所讨论的内容和话题。用户可能想实时获取过去一小时、过去一天、一周或一个月等最热点的前 10 个话题标签。

例 1.6 对于亚马逊（Amazon）或一个网络搜索引擎，或一个在线新闻网络平台，用户可能对其所选择的任意持续时间窗口中，购买最多的产品、租借的电影、搜索的项目、点击的链接或浏览的新闻感兴趣。

这一类动态流数据上的事件发现问题被称为窗口中的前 k 项（top-k）频繁项问题。由于大量独特数据项的存在，为每一个数据项维护一个计数器代价太高昂，因此这一问题十分具有挑战性。例如，在例 1.5 中，对于一个高速的 Twitter 数据流，不可能为每一个话题标签维护一个计数器。并且，这一类问题需要获取任意大小窗口中（在一个窗口大小上界 W 内）的 top-k 频繁项。一个窗口随时间推移滑动，而对于不同的窗口大小，数据项会在不同时刻失效。

作为对这一窗口中前 k 项频繁项问题的补充，也存在用户想要对感兴趣的数据项进行频次追踪的应用场景。例如，在例 1.6 中，对长时间内某种商品销售额的追踪将对商业智能决策有益。通过社交网络追踪某一特定传染性疾病的流行程度，有助于了解疾病的传播情况，并采取相应的控制措施。在交互式数据探索中，在查询 top-k 频繁项之后，用户可能需要单独追踪这些数据项频率的演化过程。随着时间的推移，这些数据项中的某些不再是热点，用户需要重新开始一个数据探索周期——查询 top-k 数据项，再追踪不同的单独数据项。

第二个动态数据流上的事件发现问题被称为数据项频次追踪问题。这一问题的目标是使用一个紧凑的数据结构来准确地对所查询数据项的历史频次进行总结。因此，需要给出一个满足某些准确度条件的模型，而这一模型应该尽可能地简洁和紧凑。而且，这一模型应该能够高效地在实时数据流中应用。本书将在第 3 章中对这两个问题及解决方法进行详细说明。

1.3 图数据流事件发现

对于很多应用来说，图结构都是一个非常基本的数据结构。在很多情况下，通过将数据模型从 ER 图转换为关系，可以避免对图形的直接操作，从而可以使用简单的关系查询语言。实际上对于当前的许多应用来说，直接使用图结构及其基本操作是一个更具鲁棒性、更高效的方法。很大一部分的应用，以流模式不断产生的数据都可以以图的形式存在。代表性应用包括电话网络、Web 服务请求、道路网络以及社交网络，如推特（Twitter）[8] 和领英（LinkedIn）[9] 等。在这些图数据流中，序列中的每一个事件/数据项都可以被看成图中的一条边。

例 1.7 道路网络。在一个大城市的道路网络中，一个很重要的性质是其鲁棒性——一条路上突发的交通堵塞应尽可能保持在局部，即它的影响不应扩展到远处的道路上。这一性质可以通过如下方式监测。在图 1.2 中，一个事件模式查询（以图 1.2（a）—图 1.2（c）表示）可以与图数据流（在图 1.2（d）和图 1.2（e）中显示了两个快照）相匹配。路口被映射为节点，其中主路口（如有红绿灯）用标签（M）表示，次级路口用标签（S）表示。

图 1.2（a）中的 A—F 是表示边和节点的节点标识符。一条道路的交通状况报告与数据流中一条新的有向边对应，边标签包括拥堵（cong.）或顺畅（smooth）。图 1.2（a）是一个结构模式，图 1.2（a）和图 1.2（b）说明一条路段（AB）最初拥堵，导致出现（至少）两个拥堵路段序列，其中每一个路段序列包括两个拥堵路

段（CA，DC 以及 EA，FE），所有路段都在两个主要路口间。图 1.2（b）显示了图 1.2（a）中边的到达时间的一个严格部分排序要求。图 1.2（a）中的一条边（如 AB）映射到图 1.2（b）中的一个节点（如节点 AB）。图 1.2（b）中的一条有向边，如从 AB 到 CA，说明了图 1.2（a）中两条边的先后顺序，例如，在图数据流中 AB 的匹配边应先于 CA 的匹配边出现。

最后，查询有一个窗口约束如图 1.2（c）所示，即只有当所有匹配边的到达时间全部在时间窗口之内时，这才是一个有效的匹配。图 1.2（d）显示了图数据流的一个快照，其中括号中的数字表示边（交通状况报告）的到达时间。事件模式匹配查询要求点和边标签匹配，并符合时间约束要求。由于两条边的标签"smooth"与图 1.2（a）中边标签不匹配，因此图 1.2（d）不是一个匹配。在经过 3 个时间单元后（即在时间 8，假设是在 5 min 之内），图 1.2（e）出现了一个匹配，其中出现了两条新的拥堵边。注意 smooth(3) 以及 cong.(6) 是在公共路口交汇的两条不一样的路段。

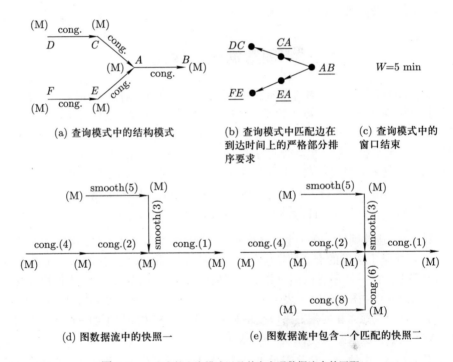

(a) 查询模式中的结构模式   (b) 查询模式中匹配边在到达时间上的严格部分排序要求   (c) 查询模式中的窗口结束

(d) 图数据流中的快照一   (e) 图数据流中包含一个匹配的快照二

图 1.2　一个事件查询模式以及其在交通数据流中的匹配

这与基于静态图的子图匹配工作 [10, 11] 至少在三方面有所区别：（1）图数据流是动态的，其中每条边有一个时间戳；（2）在查询模式中对于边的到达时间有

部分排序要求 [12]；（3）查询窗口中有一个基于时间或计数的窗口，匹配图中的边要求在此窗口内。接下来再来看一些社交网络中的例子。

例 1.8　领英（LinkedIn）数据流。图 1.3（a）显示了从 LinkedIn 数据流中发现的一个就业市场模式，其中至少 6 个人（P_1—P_6）离开公司 C_1 后在短时间内加入了公司 C_2。行业分析师或猎头会对这一查询模式感兴趣。在这个例子中有两个不同的边标签：离开一个公司（点线）以及加入一个公司（实线）。标识符为 P_1 到 P_6 的节点标签为 "person"（人员），标识符为 C_1 和 C_2 的节点标签为 "company"（公司），节点和边的标签需要匹配。注意图中省略了时间顺序，但是一位员工离开公司 C_1 应发生在其加入公司 C_2 之前。

例 1.9　推特（Twitter）数据流。通过 Twitter 的谣言传播在世界上很多地方都是一个问题 [13, 14]。监测、追踪、辨认出通过自身影响力制造或转发谣言而使其广泛传播的人群是十分有帮助的。图 1.3（b）显示了对这一事件进行建模的图模式表示，其中中心节点是最具影响力的人，其扇出至少为 f_1（如 $f_1=8$）；内圆中的每一个 f_1 节点的扇出都至少为 f_2（如 $f_2=4$）；以此类推。扇出值表示了谣言被人群传播的数量。谣言可以从被回复或转发的信息中检测发现，并在边上进行标记。节点一般情况下有两种标签：用户（user）以及信息（message）。图 1.3（b）中的查询要求所有的匹配节点标签为用户，时间顺序为一条边应在继续传播谣言的子边前出现。

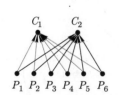

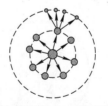

(a) 领英(LinkedIn)数据流　　　　　(b) 推特(Twitter)数据流

图 1.3　领英（LinkedIn）数据流及推特（Twitter）数据流中的查询

虽然有研究子图匹配（如 [10, 15]）和普通数据流中复杂事件处理（如 [4, 5]）的前期工作，但对于解决本节刚刚提出的这些问题是不足的。前期的复杂事件处理工作无法处理图模式查询，前期的子图匹配工作无法处理窗口约束以及部分时间排序约束，或是实时高效地增量匹配。在窗口和时间约束的基础之上，本书将在第 4 章对这一问题进行进一步的具体说明，也将说明现有工作中的匹配语义不足以支持图数据流应用。

1.4 图数据流通用事件查询

如 1.3 节所述，当前，图成为很多应用的基本的数据结构。在很多情况下，图数据以井喷式的速度产生，通常是以图数据流即边数据流的形式。典型应用包括推特（Twitter）和微博等社交网络、实时道路交通网络、电话网络以及 Web 服务请求等。为了提供图数据流上的通用事件查询，如何存储和处理这些巨量的数据成了一个很重要的问题。接下来看一些例子。

例 1.10 图 1.4 表示了一个邮件网络快照。图中每一个顶点表示一个邮件地址，每一个大圆包含了属于同一域名的一组邮件地址，从 A 到 B 的一条边表示事件用户 A 发邮件给用户 B。每一顶点以域名作为顶点标签，每一条边使用邮件主题作为边标签（如边 AB 的邮件主题"项目"）。在这种情况下，可查询得到上周用户 A 和用户 B 关于主题"项目"的邮件讨论频率，或上个月用户 A 和用户 B 之间讨论频率最高的前 k 个主题。这一类型的查询被称为**聚合边查询**。类似地，社交媒体或商业智能可能对**聚合点查询**感兴趣（如查询一段时间内某一特定人对于一个特定话题的邮件总数）。在此基础上，**基于点标签的点/边查询**在类似应用中也常会被用到。例如，对于某一邮件地址和某一邮件域名间的边频率、两个邮件域名间的边频率以及某一邮件域名的聚合入度/出度的查询，将为很多应用提供有用的信息。

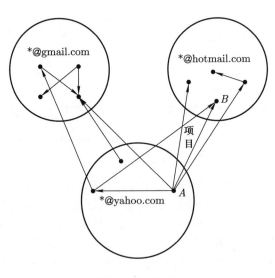

图 1.4 邮件网络

例 1.11 图 1.5 展示了一个道路网络。图中每一个顶点表示一个路口并且有一个标签，标签说明这一路口是否是一个主路口，主路口可能会由于信号灯而发生比较长时间的等待。主路口被标记为括号中的"M"，未标记的顶点为次级路口。当交通状况较差时，司机可能希望通过避免通过主路口的方式来减少延迟。每条边代表了一个路段，边标签为"bad"说明道路拥堵或正在建设。司机可能询问是否有一条规避所有主路口和"bad"路段的从 S 出发、终点为 T 的一条线路。这一类的查询被称为**路径查询**。

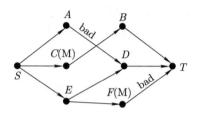

图 1.5 道路网络，其中 bad 表示道路状况较差，M 表示主路口

在以上应用中，数据快速、不断地产生。在 2013 年，每天大约有 5 亿条 Twitter 产生，总数超过 300 亿条 [16]。实时在内存中存储所有需要的数据是不可能的。人们普遍接受的是，在流数据应用中，快速近似的查询结果比准确但速度很慢的查询结果更好 [17]。本书将在第 5 章描述一个有标签图的略图存储方法，将图数据流信息存储在亚线性空间内，并同时支持多种图查询，来实现图数据流上的通用事件查询。略图结构也支持滑动窗口模式下的查询。本书将在第 5 章中详细描述更多类型的通用事件查询。

1.5 数据流实时查询时间分配

数据通常以数据流的形式高速、不断地产生，大量的数据通常会受不可预见的因素影响，在一个具有噪声和动态变化的环境中，从各种设备中不断流出。因此，人们所观察到的数据实际上是一些随机变量的样本。基于这些数据的动态、实时、服务引导的查询通常对于商业以及公众是十分有价值的。接下来看一个例子。

例 1.12 从出租车、卡车、小汽车以及其他装载 GPS 定位的车辆可收集到交通信息（如 [18]）。这些车辆在不同类型的道路上行驶，实时地将其所观测到的交通状况发送到服务器。这些信息包括高峰拥堵、道路交通事故以及恶劣天气等。相比只基于车速信息的大部分在线地图服务，这些信息将有可能提供更好的交通向导。利用这些信息，服务器可以为大量客户提供实时服务。举例来说，假设小红有一个重要的会议，需要在早上 9 点前到达公司。她可能会对服务器发出这样一个查询："如果我现在离开家，我到达公司所需时间的 95% 置信区间是什么？行驶路线是什么？"对于返回查询结果的延迟有一个时间约束。大量用户可能在同一时间使用这一服务。本书将在第 6 章对这一问题进行详细描述。

1. 处理概率数据的动机

考虑例 1.12 中的这一问题：如果小红在路段 R 上行驶，她将在路段 R 上花费多长时间？假设服务器收集了近期在路段 R 上行驶的车辆所发送的一系列观察信息。小红在路段 R 上花费的时间实际上是一个随机变量，这基于以下几点原因：① 即使在一个很小的时间窗口，行驶时间仍然会因为很多因素而变化（例如交通信号灯、交通状况的不稳定等）；② 系统应该在小红抵达路段 R 的起点时对她在 R 上的行驶时间进行预测，而这一未来的时间取决于小红抵达 R 的时刻；③ 数据丢失，而服务器上也没有关于 R 的数据，因此需要使用某个模型来估计在 R 上的延迟（如使用附近路段的状况或历史数据）。因此，小红到公司的行驶时间是一个随机变量，并且可能有较大的方差。系统不应该仅仅对于小红的查询计算一个单一的数值，而应该是一个分布或者是一个置信区间，使其能够反映关于查询的最佳认知。对于用户来说这是一个很重要的决策查询——小红将决定她的离家时间。忽略这些不确定因素可能会使一个二元决策偏向错误的一边，而导致严重的后果，这也是为什么在近几年，对于概率数据的处理吸引了很多关注的原因（如 [19–25]）。

2. 随时查询

在文献中，有很多在概率元组上进行查询处理的方法（如 [19, 21, 25]）。也有方法能够高效地处理例 1.12 中所需的概率属性，包括 [22, 23, 25]。特别地，蒙特卡罗（Monte Carlo）算法（MCA）[22] 更加通用，因为它能够处理任意类型的查询操作符（如 SQL 或其他），它能够将问题化简为在确定的可能中回答查询。例如，应用除 MCA 以外的其他方法，人们并不知道例 1.12 中如何计算从一点到另一点的最短行驶时间分布。类似用户自定义过程中的操作符，以及除了基本 SQL 操作符之外的数学操作符（通常出现在工程或科学应用中），通常只能通过 MCA 解决。

MCA 算法属于更加一般化的随时算法 [26]，这一类算法随着计算时间的增加，其结果质量也有所提升。本书将在第 6 章中显示，即使在多核处理器上，随时算法也能够被用来优化服务质量。简单来说，通过随时算法，人们可以更加灵活地动态分配系统资源，因为这一类算法可以更容易地启动和停止。本书在第 6 章中描述的工作并不局限于概率数据。当数据是确定的，随时查询处理算法在前期工作中被称为在线查询处理 [27, 28]，例如在线聚集 [29] 以及波纹连接 [30]。为简洁起见，本书将使用随时算法回答的查询称为随时查询。

在实时服务应用中使用随时算法是对用户更友好的。用户发送一个查询后，系统将很快提供一个初始应答，随后提供一系列具有更高准确度的应答更新。实时查询的用户通常更倾向于在等待太长时间之前，先得到一个快速但可能并不十分精确的概要应答 [27]。基于初始的粗糙应答，用户可以决定是否需要系统提供更加精确的应答，这也能够节省系统资源。本书将在第 6 章对数据流实时查询时间分配问题进行更详细的讨论。

1.6　动态数据流系统的数据保护

随着智能手机、GPS、无线网络、Web 2.0、社交网络、RFID 以及传感器网络的不断发展，大规模信息收集变得越来越普遍。基于这些实时信息的服务必然将进一步发展。已经有很多系统使用实时数据来提供服务，包括公交系统追踪与路线规划、动态交通信息规划 [18] 以及智能手机相关的社交网络应用等。接下来看一个例子。

例 1.13　数据资源库 CRAWDAD[31] 中的真实出租车数据集 [32] 被用于在线服务。这一数据集包括美国旧金山地区出租车的 GPS 坐标轨迹。数据由每一出租车实时发送到中心服务器，并且能够回答类似如下几种查询：① 以地区分组，获取出租车数量；② 获取被占用的出租车的百分比；③ 获取位于地点 (x, y) 的用户附近 5 km 内可用的出租车。当一个出租车司机需要决定去哪里接新客户时，会对第一个查询感兴趣；一个出租车公司可能会使用第二个查询来实时决定是否派出更多的出租车；类似地，第三个查询可用于出租车公司为客户提供服务。基于类似出租车数据集的移动客户端软件包括优步（Uber）[33]、滴滴打车 [34] 等。例如，滴滴打车是一个通过所有使用该应用的出租车司机来进行 GPS 坐标跟踪的移动服务软件，截至 2016 年，滴滴打车超过 3 亿用户，1 500 万车主，日均订单达到 1 400 万。在一天不同时段或不同日期，数据流速率以及查询速率有很大的变化 [34]。

在大数据时代，有越来越多类似这样基于服务的动态数据流系统（service oriented stream systems, SOSS）。当面对商业利益和实时业务时，高可用性变得十分关键。在更广泛的层面上，行业研究报告称，在系统出现故障期间，企业平均每分钟损失 5 600 美元 [35, 36]。相比于大部分前期研究数据流的工作 [37, 38] 所针对的研究是持续查询，SOSS 更加强调一次性的临时查询。例如，例 1.13 中的 3 个查询都是在最近的一些时间间隔中，系统的不同用户基于实时数据进行的一次性临时查询。系统无需提供不间断地对这些查询的回答，特别是可能同时出现的如例 1.13 中大量的基于服务的查询，用户通常只需要一个一次性的查询结果。

尽管由于持续查询受到更多关注，但很少有人研究数据流上的一次性临时查询 [37, 38]。前期对于数据流上容错性的研究工作（如 [39]，可参考调查报告 [40]）在连续查询的查询执行图中复制每个查询操作符的状态。在恢复时，节点上的查询操作符恢复它们在故障之前的状态，结果数据流可以尽可能少地被影响。虽然这一方法具有很好的鲁棒性，并且对于持续查询很理想，但对于一次性临时查询来说，这一方法太昂贵而没有必要。只要数据是被保护的并且可用，一次性临时查询可以随时重启即可。更重要的是，前期工作 [39] 中的技术通常处理的是各个操作符中的中间数据元组队列，而这对于一次性查询是不适用的。作为对比，本书将在第 7 章中描述一个简单而有效的机制，只复制和保护输入流数据，这对于需要支持许多并发一次性查询的系统是必要的。一个失败的查询处理只需要在被保护的数据上重新执行即可，这对于 SOSS 是较为适用并且是可扩展的。

在任意时刻 t，一个节点保存了最近一个时间区间 τ，例如从时刻 t 到时刻 $t-\tau$ 之间的数据。将数据流中所有时间 $t-\tau$ 与 t 之间的元组称作关系 R_t，称为新到的批次。容易看出，随着 t 的变化，旧的元组不断离开，新的元组进入时间区间，R_t 也动态变化。时间区间长度 τ 是由应用决定的，并且受内存大小限制。一个临时查询可以使用动态关系 R_t 内的任意一部分（或全部）数据来回答；确切的语义以及如何使用数据由不同的查询所决定，本书不再展开讲解。本书第 7 章的目标是保护 R_t 中的数据，并保证即使系统中一部分服务器出现故障时，数据仍具有高可用性并且系统运行不会受到影响。本书将在第 7 章中详细描述一个被称为软群体（soft quorums）的技术来实现这一目标。

参 考 文 献

[1] UCI 机器学习数据资源库糖尿病数据 [DB].

[2] Bergroth L, Hakonen H, Raita T. A survey of longest common subsequence algorithms [C]. Proceedings of the Seventh International Symposium on String Processing Information Retrieval, A Curuna. Washington D. C.: IEEE Computer Society, 2000: 39-48.

[3] Chandramouli B, Goldstein J, Maier D. High-performance dynamic pattern matching over disordered streams [J]. Proceedings of the VLDB Endowment, 2010, 3(1-2): 220-231.

[4] Agrawal J, Diao Y, Gyllstrom D, et al. Efficient pattern matching over event streams [C]. Proceedings of the 2008 ACM SIGMOD International Conference on Management of Data, Vancouver. New York: ACM, 2008: 147-160.

[5] Oracle. Oracle complex event processing: Lightweight modular application event stream processing in the real world [R]. 2009.

[6] Fleisher C, Bensoussan B. Strategic & Competitive Analysis: Methods & Techniques for Analyzing Business Competition [M]. London: Pearson, 2003.

[7] Sachdev A. Your car knows everything [R]. 2011.

[8] 推特（Twitter）平台 [EB].

[9] Linkedin 开发者文档: Linkedin stream APIs [EB].

[10] Fan W, Li J, Ma S, et al. Graph pattern matching: From intractable to polynomial time [J]. Proceedings of the VLDB Endowment, 2010, 3(1-2): 264-275.

[11] Ma S, Cao Y, Fan W, et al. Capturing topology in graph pattern matching [J]. Proceedings of the VLDB Endowment, 2011, 5(4): 310-321.

[12] Schroder B. Ordered Sets: An Introduction [M]. 2nd ed. Basel: Birkhauser, 2016.

[13] Qazvinian V, Rosengren E, Radev D R, et al. Rumor has it: Identifying misinformation in microblogs [C]. Proceedings of the Conference on Empirical Methods in Natural Language Processing, Edinburgh. Stroudsburg: Association for Computational Linguistics, 2011: 1589-1599.

[14] Situngkir H. Spread of hoax in social media [R]. BFI Working Paper, 2011.

[15] Tong H, Faloutsos C, Gallagher B, et al. Fast best effort pattern matching in large attributed graphs [C]. Proceedings of the 13th ACM SIGKDD international conference on Knowledge discovery and data mining, San Jose. New York: ACM, 2007: 737-746.

[16] 推特（Twitter）统计数据 [EB].

[17] Muthukrishnan S. Data streams: Algorithms and applications [J]. Foundations and Trends in Theoretical Computer Science, 2005, 1(2): 117-236.

[18] Inrix 官方网站 [EB].

[19] Dalvi N, Suciu D. Efficient query evaluation on probabilistic databases [J]. The International Journal on Very Large Data Bases, 2007, 16(4): 523-544.

[20] Benjelloun O, Sarma A D, Halevy A, et al. Databases with uncertainty and lineage [J]. The International Journal on Very Large Data Bases, 2008, 17(2): 243-264.

[21] Antova L, Jansen T, Koch C, et al. Fast and simple relational processing of uncertain data [C]. IEEE 24th International Conference on Data Engineering, Cancun. Washington D. C.: IEEE Computer Society, 2008: 983-992.

[22] Jampani R, Xu F, Wu M, et al. MCDB: a monte carlo approach to managing uncertain data [C]. Proceedings of the 2008 ACM SIGMOD International Conference on Management of Data, Vancouver. New York: ACM, 2008: 687-700.

[23] Cheng R, Kalashnikov D, Prabhakar S. Evaluating probabilistic queries over imprecise data [C]. Proceedings of the 2003 ACM SIGMOD International Conference on Management of Data, San Diego. New York: ACM, 2003: 551-562.

[24] Kanagal B, Li J, Deshpande A. Sensitivity analysis and explanations for robust query evaluation in probabilistic databases [C]. Proceedings of the 2011 ACM SIGMOD International Conference on Management of Data, Athens. New York: ACM, 2011: 841-852.

[25] Tran T, Peng L, Li B, et al. PODS: A new model and processing algorithms for uncertain data streams [C]. Proceedings of the 2010 ACM SIGMOD International Conference on Management of Data, Indianapolis. New York: ACM, 2010: 159-170.

[26] Zilberstein S. Using anytime algorithms in intelligent systems [J]. AI Magazine, 1996, 17(3): 73-83.

[27] Haas P, Hellerstein J. Online query processing: A tutorial [C]. Proceedings of the 2001 ACM SIGMOD International Conference on Management of Data, Santa Barbara. New York: ACM, 2001: 623.

[28] Mokbel M, Aref W. SOLE: scalable on-line execution of continuous queries on spatio-temporal data streams [J]. The International Journal on Very Large Data Bases, 2008, 17(5): 971-995.

[29] Haas P, Wang H. Online aggregation [C]. Proceedings of the 1997 ACM SIGMOD International Conference on Management of Data, Tucson. New York: ACM, 1997: 171-182.

[30] Haas P, Hellerstein J. Ripple joins for online aggregation [C]. Proceedings of the 1999 ACM SIGMOD International Conference on Management of Data, Philadelphia. New York: ACM, 1999: 287-298.

[31] CRAWDAD 数据仓库 [DB].

[32] CRAWDAD 数据仓库：mobility 数据集 [DB].

[33] 优步官方网站 [EB].

[34] 滴滴出行官方网站 [EB].

[35] Network Power Emerson. Understanding the cost of data center downtime: An analysis of the financial impact of infrastructure vulnerability [R]. Technical report, Uptime Institute Symposium, 2011.

[36] Patterson D A. A simple way to estimate the cost of downtime [C]. 16th Systems Administration Conference, Philadelphia. Berkeley: USENIX Association, 2002: 185-188.

[37] Babcock B, Babu S, Mayur D, et al. Models and issues in data stream systems [C]. Proceedings of the 21st ACM SIGMOD-SIGACT-SIGART Symposium on Principles of Database Systems, Madison. New York: ACM, 2002: 1-16.

[38] Golab L, Ozsu M T. Issues in data stream management [J]. ACM SIGMOD Record, 2003, 32(2): 5-14.

[39] Hwang J, Xing Y, Cetintemel U, et al. A cooperative, self-configuring high-availability solution for stream processing [C]. 23rd International Conference on Data Engineering, Istanbul. Washington D. C.: IEEE Computer Society, 2007: 176-185.

[40] Balazinska M, Hwang J, Shah A M. Fault-tolerance and high availability in data stream management systems [M]//Liu L, Ozsu M T. Encyclopedia of Database Systems. Boston: Springer, 2009.

第 2 章　静态时间序列事件发现

作为时间序列和流数据中较为基础的静态时间序列模型，本章将介绍在这一模型上进行的事件发现，并将这一事件发现问题转化为窗口连接的最长公共子序列匹配（WCLCS）问题，并对其进行建模，随后将这一问题划分为两个子问题：① 如何在每个二维时间窗口（一个序列对应一个维度）中获取最长的公共子序列？这一问题被称为单窗口最长公共子序列匹配问题（WLCS）。②基于①的结果，如何获取满足约束条件的最优化窗口链？

对于第一个子问题 WLCS，本章介绍了两个解决算法。第一个算法是对于 LCS 经典算法的一个非平凡扩展，这里的难点在于如何有效地获得每个窗口的 WLCS。第二个算法是从第一个算法中获得灵感，如实验部分所示，第二个算法效率更高，算法二将焦点放在两个序列字符相匹配的位置上（称之为匹配点），同时使用排序和空间索引来提高效率。

对于第二个子问题，本章将这一问题进行一系列的转化：先将其转化为顶点加权图中最长路径的问题，再转化为边加权有向无环图（DAG）上单源最短路径问题。本章为采用或不采用最大间隙约束条件这两种情况分别设计了算法。

之后，本章又介绍了两种新方法来进一步提升性能。第一种方法将问题看作一个搜索问题，对搜索空间基于半扩展窗口链的匹配长度上限，采用信息搜索和探索方式进行了搜索。这一方法与最优优先搜索类似，在寻找最优窗口链的同时最小化搜索空间。这一算法属于 A* 搜索 [1]。本章也证明了每个匹配窗口最多只被访问和扩展一次。

第二种提升性能的方法是一种近似算法，其基本思想是对匹配点进行采样，从多方面加速算法。本章证明了概率的准确性保证，对性能和准确性之间的平衡给出了说明。实验部分证明了近似算法十分有效，在将性能提升一个数量级的基础上保持了高准确度。

接下来，作为对本章内容的知识准备，下一节介绍经典的最长公共子序列（LCS）问题及其解决方案。

2.1 最长公共子序列问题

一个序列（或字符串）$s = s[1], s[2], \cdots, s[n]$ 由 n 个字母（字符或数据项）$s[i](1 \leqslant i \leqslant n)$ 组成。一个子序列是从一个序列通过删掉一些字母而不改变剩余字母的原有顺序而派生的。本章使用 $|s|$ 表示 s 的长度（也就是这里的 n）。

给出两个序列 $s_1 = AGCAT$ 以及 $s_2 = GTACT$，最长公共子序列 (LCS) 问题是找到这两个序列中最长的公共子序列。例如，$LCS(s_1, s_2) = GAT$。可以有多个最长公共子序列（例如，ACT 也是一个 LCS）。最长公共子序列算法是基于如下的递归方程 [2]：

$$l(i,j) = \begin{cases} 0, & i=0\text{或}j=0 \\ l(i-1, j-1)+1, & s_1[i] = s_2[j] \\ \max(l(i, j-1), l(i-1, j)), & s_1[i] \neq s_2[j] \end{cases} \tag{2.1}$$

式中，$l(i,j)$ 表示字符串 $s_1[1...i]$ 和字符串 $s_2[1...j]$ 的最长公共子序列的长度。式（2.1）的第二行表示这两个字符串的最后一个字母相匹配，第三行表示它们不匹配。$l(|s_1|, |s_2|)$ 表示最终的 LCS 长度。图 2.1（a）表示源于公式（2.1）的动态规划算法的表格，其中的箭头用于"回溯"到公共子序列，突出显示的单元格表示两个序列有相匹配字母的情况。此表格能够从左上角到右下角被填满。图 2.1（a）右下角单元格中的 3 即为 LCS 的长度，并且匹配的子序列能够根据箭头回溯。

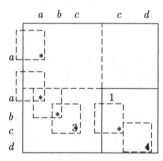

(a) 计算LCS的经典算法，突出显示的单元格表示两个序列拥有匹配字母

(b) 单窗口公共子序列复杂性的说明。右下角的实心矩形窗口，不能直接使用 LCS 结果 4-1=3；实际的单窗口 LCS 是 cd

图 2.1　LCS 经典算法和单窗口公共子序列复杂性说明

2.2 问 题 描 述

对于 $1 \leqslant i \leqslant n$, 序列 s 中的每一个字母 $s[i]$ 有一个非递减的时间戳 $t(s[i])$。一个结束于字母 $s[b]$ 的大小为 w 的窗口 w_j 由一组连续的字母 $s[a], s[a+1], ..., s[b]$ 组成,其中结束时间戳 $te(w_j) = t(s[b])$, 起始时间戳 $ts(w_j) = te(w_j) - w$, 并且 $t(s[a-1]) < ts(w_j) \leqslant t(s[a])$ (边界条件本章使用 $t(s[0]) = -\infty$)。如果 $te(w_1) < ts(w_2)$, 则将窗口 w_1 视作窗口 w_2 的前驱 (或 w_2 跟随 w_1), 并且如果窗口 w_1 是 w_2 的前驱,或 w_2 是 w_1 的前驱,则窗口 w_1 和 w_2 是不重叠的。虽然以上的描述是基于时间的窗口描述,但当将数字视为时间戳时,该描述能够很容易地转变为基于计数的窗口描述。

定义 2.1 考虑窗口连接的最长公共子序列 (WCLCS)

假设有两个输入事件序列 s_1 和 s_2, 并且 $|s_1| = m, |s_2| = n$。考虑窗口连接的最长公共子序列问题是找到 s_1 中的一个窗口链 $w_{11}, ..., w_{1c}$ (其中 w_{1i} 是 $w_{1,i+1}$ 的前驱,每个窗口大小为 w), s_2 中的一个等数量窗口链 $w_{21}, ..., w_{2c}$ (其中 w_{2i} 是 $w_{2,i+1}$ 的前驱,每个窗口大小为 w), 其中 $\sum_{i=1}^{c} |LCS(w_{1i}, w_{2i})|$ 为最大值。需要满足以下条件:

(1) 对于每一个 i $(1 \leqslant i \leqslant c)$, $\dfrac{|LCS(w_{1i}, w_{2i})|}{w} \geqslant d_{\min}$, 称为最小密度约束;

(2) $ts(w_{ji}) - te(w_{j,i-1}) \leqslant g_{\max}(j = 1, 2,$ 且 $2 \leqslant i \leqslant c)$, 称为最大间隙约束;

(3) $|ts(w_{1i}) - ts(w_{2i})| \leqslant s_{\max}(1 \leqslant i \leqslant c)$, 称为最大位移约束。

WCLCS 参数值的设定基于所使用的应用需求,使用时并不要求所有约束条件都被使用,其中, $d_{\min} = 0, g_{\max} = 0$ 以及 $s_{\max} = \infty$ 分别表示约束条件的缺省情况。WCLCS 可以看作是 LCS 的一个一般化情况,而 LCS 是三个约束条件都为缺省值 (并且窗口大小为任意值) 的一个特殊情况。

2.3 单窗口最长公共子序列

WCLCS 是一个复杂的优化问题,本章的基本策略是将其分为两个子问题并分别解决:在第一个子问题中获得一系列的候选窗口,在第二个子问题中从候选窗口中计算出一个优化窗口链。

定义 2.2 匹配点,匹配窗口

对于序列 s_1 和 s_2, 考虑分别位于 i 及 j 的两个匹配字符,例如 $s_1[i] = s_2[j]$,

这样的一对 (i, j) 被称作一个匹配点，对应于二维空间中的某一点。定义 2.1 中的一对子窗口 w_{1i} 及 w_{2i}，对应于这个二维空间中的一个二维窗口，被称作匹配窗口。

在图 2.1（a）中，所有灰色的单元格都是匹配点。在图 2.1（b）中，每一个星号表示一个匹配点，每一个虚线矩形框表示一个候选匹配窗口。由于每一个匹配窗口的最后一对字符都是匹配点，因此只要考虑子窗口右下角的 p_i（窗口中的最后一个匹配点）用于表示候选匹配窗口集合 W 中的匹配窗口即可。注意 W 中的候选匹配窗口可能会有重叠。

因此，从本质上本章将 WCLCS 问题拆分成两个问题：获取候选匹配窗口集合 W 中的单窗口最长公共子序列 WLCS，以及从 W 中选取满足定义 2.1 的子集。在本节中将解决第一个问题，在 2.4 节中解决第二个问题。

2.3.1 解决方案一：直观算法

本小节介绍一种基于 LCS 经典算法的扩展方法来解决 WLCS 问题。LCS 问题与 WLCS 问题的区别在于 WLCS 只对有限区域内的匹配数量感兴趣，也就是窗口大小在 w 范围内的序列，而 LCS 需要寻找整个序列上的最大匹配数量。本章研究的是每一个可能的二维窗口中的 WLCS。

这个问题并不简单。举例来说，从如图 2.1（a）所示表格中右下角的数减去左上角的数来获得一个窗口中的匹配数量，这一方法是不可行的。图 2.1（b）说明了这一点。$s_1 = aabcd$，$s_2 = abccd$，有问题的窗口用右下角的实线矩形框表示（窗口包含了 s_1 的最后 4 个字符和 s_2 的最后两个字符），窗口中的数字表示了使用图 2.1（a）中 LCS 算法得到的结果，直接使用 4−1=3 来计算 WLCS 是不正确的，正确的 WLCS 应该是长度为 2 的 cd。

本节所提供的算法不再如图 2.1（a）所示只为每一单元格记录一个单一的数值，而是记录一个三元组 (t_1, t_2, c)，其中 c 用于计数，t_1，t_2 表示 s_1，s_2 中对计数 c 有影响的第一个匹配字符的时间戳。这样一个三元组会基于公式（2.1）的条件在两个相邻的单元格中被复制。如果 t_1 或者 t_2 过时（从时间戳所记录的时间到新的单元格所表示的时间超出了窗口长度 w），则三元组不再被复制，那么结束于这个单元格的 WLCS 的长度即单元格中所有三元组的最大 c 值。算法 2.1 展示了算法 PERWINLCS1 的详细过程，简要解释如下。

算法 2.1 第 5 行查看当前是否是一个匹配点，如果是，则与公式（2.1）中的第 2 行相似，算法遍历此单元格左上角邻居的每一个三元组（第 8 行），除非三元组失效（9—13 行），否则复制并增加当前计数（第 15 行）。三元组本质上表示了

算法 2.1: PERWINLCS1 (s_1, s_2)

Input: s_1, s_2: 长度分别为 m 和 n 的两个序列

Output: s_1 和 s_2 的单窗口 LCS

```
 1  foreach i ← 1 to m do
 2      //s₁ 中的每一个字符
 3      foreach j ← 1 to n do
 4          //s₂ 中的每一个字符
 5          if s₁[i] = s₂[j] then
 6              //找到一个匹配点
 7              //浏览左上角邻居的每一个三元组
 8              foreach (t₁, t₂, c ∈ C[i − 1, j − 1]) do
 9                  //如果三元组失效，则跳过
10                  if t(s₁[i]) > t₁ + w then
11                      continue
12                  if t(s₂[j]) > t₂ + w then
13                      continue
14                  //复制三元组并增加计数
15                  C[i, j] = C[i, j] ∪ (t₁, t₂, c + 1)
16              //创建一个新的三元组
17              C[i, j] = C[i, j] ∪ (t(s₁[i]), t(s₂[j]), 1)
18          else
19              //(i, j) 不是一个匹配点，则从相邻的两个单元格复制、融合三元组
20              C[i, j] = C[i, j − 1] ∪ C[i − 1, j]
21          C[i, j] 中的最大 c 值即它的 WLCS 长度
```

第一个匹配点为 (i, j) 的匹配窗口。在第 17 行，(i, j) 开始一个新的匹配窗口，因此算法创建了一个计数为 1 的新的三元组。

另一方面，如果 (i, j) 不是一个匹配点（行 20），则从这一点相邻的两个邻居中复制并融合三元组。为了不重复表述，在此省略两个小细节：① 与 9 — 13 行一致，如果三元组失效，则不再将其复制到当前单元格 (i, j)；② 如果在相同的单元格中有另一个三元组 (t'_1, t'_2, c')，并且 $t_1 \leqslant t'_2$，$t_2 \leqslant t'_2$，$c \leqslant c'$，则三元组 (t_1, t_2, c) 可以从单元格中被删除。很容易证明三元组 (t'_1, t'_2, c') 优于 (t_1, t_2, c)，因为前者失效不早于后者，并且有一个更大（或相同）的计数。

最后，在第 21 行，算法可以简单地选择一个匹配点单元格三元组中最大的 c 值作为结束于这个匹配点的 WLCS 长度，通过记录一个三元组来源的箭头可以追溯到公共子序列。PERWINLCS1 算法的最差时间复杂度是 $O(mnc_w^2)$。

例 2.1 考虑如图 2.2（a）所示的横向和竖向表示的两个序列 $s_1 = abccd$ 以及 $s_2 = aabcd$，字母的下标表示它的时间戳。令窗口长度为 3。图 2.2（a）展示了运行 PERWINLCS1 算法得到的三元组。以灰色显示的位于 $x = 3, y = 4$（即 $C[3,4]$）的单元格为例，这个单元格表示 s_1 中的 c_3 与 s_2 中的 c_4 所表示的一个匹配点。算法中的第 8—15 行从单元格 $C[2,3]$ 复制了两个三元组（两个三元组都没有失效）并且增加了它们的计数，得到 $C[3,4]$ 中的前两个三元组：$(1,2,3)$ 及 $(2,3,2)$，算法第 17 行增加了一个三元组 $(3,4,1)$。这 3 个三元组中的最大计数 c 值为 3（用下划线表示），即为结束于 $x = 3$，$y = 4$ 的窗口大小为 3 的 WLCS。

一个非匹配点以灰色显示的单元格 $C[3,5]$ 为例。算法第 20 行将 $C[3,4]$ 与 $C[2,5]$ 中的三元组融合。对于长度为 3 的窗口，三元组 $(1,2,3)$ 失效，而由于三元组 $(2,3,2)$ 优于三元组 $(2,3,1)$，因此 $(2,3,1)$ 也被删除。因此在 $C[3,5]$ 中最终有两个三元组，最大计数 c 值（表示结束于这个单元格的 WLCS）为 2。

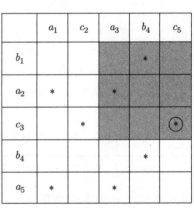

	a_1	b_2	c_3	c_4	d_5
a_1	(1,1,1)	(1,1,1)	(1,1,1)		
a_2	(1,2,1)	(1,2,1)	(1,2,1)		
b_3	(1,2,1)	(1,2,<u>2</u>) (2,3,1)	(1,2,<u>2</u>) (2,3,1)	(2,3,1)	
c_4	(1,2,1)	(1,2,<u>2</u>) (2,3,1)	(1,2,<u>3</u>) (2,3,2) (3,4,1)	(2,3,<u>2</u>) (4,4,1)	(4,4,1)
d_5		(2,3,1)	(2,3,<u>2</u>) (3,4,1)	(2,3,<u>2</u>) (4,4,1)	(4,4,<u>2</u>) (5,5,1)

(a) 算法 PERWINLCS1 的说明

	a_1	c_2	a_3	b_4	c_5
b_1				*	
a_2	*		*		
c_3		*			⊛
b_4				*	
a_5	*			*	

(b) 算法 PERWINLCS2 的说明

图 2.2　两个计算 WLCS 算法的说明

2.3.2　解决方案二：基于匹配点的算法

在 PERWINLCS1 中，只有出现匹配点时才会增加 $C[i,j]$ 中的计数，而非匹配点仅从之前的单元格中删除计数。这促使设计新的算法，能够首先获得这些匹配点，然后使用一个空间索引来高效地获取每一个匹配窗口中的所有匹配点，从而能够计算出每一个匹配窗口的 LCS。算法 PERWINLCS2 的详细过程展现在算法 2.2 中，简要解释如下。

算法 2.2: PERWINLCS2 (s_1, s_2)

Input: s_1, s_2：长度分别为 m 和 n 的两个序列

Output: s_1 和 s_2 的单窗口 LCS

1　分别将 s_1 与 s_2 以 $(value, t)$ 的形式按值排序
2　合并排序后的列表，将匹配点的 (t_1, t_2) 放在一个空间索引 $\mathcal{P}$ 中
3　**foreach** 匹配点 $(t_1, t_2) \in \mathcal{P}$ **do**
4　　矩形框 $B \leftarrow [(t_1 - w, t_2 - w), (t_1, t_2)]$
5　　$M \leftarrow$ 将框 B 中的所有匹配点从 $\mathcal{P}$ 中获取
6　　将 M 中的点按 t_1, t_2 升序排列
7　　**foreach** $i \leftarrow 1$ to $|M|$ **do**
8　　　$c[i] \leftarrow 1$
9　　　**foreach** $j \leftarrow 1$ to $i - 1$ **do**
10　　　　**if** $M[j].t_1 < M[i].t_1$ & $M[j].t_2 < M[i].t_2$ & $c[j] + 1 > c[j]$ **then**
11　　　　　$c[i] \leftarrow c[j] + 1$
12　　$c[|M|]$ 是匹配点 (t_1, t_2) 处的 WLCS 长度

在第 1 行中，将两个序列按序列中每个字符的值进行排序，而非使用时间戳排序。当序列太长而无法载入内存进行排序时，可以使用外排序算法。在第 2 行，合并两个排序后的序列得到所有的匹配点，每一个匹配点可表示为 (t_1, t_2)，其中 t_1（或 t_2）表示序列 s_1（或 s_2）中字符 c_1（或 c_2）的时间戳，c_1，c_2 的值相同。算法第 2 行将这些匹配点放在一个二维的空间索引 $\mathcal{P}$ 中（如使用 R 树 [3]），该点在 t_1 和 t_2 的位置被二维索引。

之后对于每一个匹配点 (t_1, t_2)（行 3），可以获取右下角位于 (t_1, t_2) 窗口中的所有匹配点，例如，在第 4 行中 $[(t_1 - w, t_2 - w), (t_1, t_2)]$ 的窗口范围内。之后根据 WLCS 的定义，通过获取匹配点集 M，计算这一矩形框中的 LCS（第 5 行）。根据公式（2.1）中的迭代属性，如图 2.1（a）所示，将计数 $c(P)$ 与每一匹配点 P 相关联，并且 $c(P) = \max\limits_{Q \in M, Q.t_1 < P.t_1, Q.t_2 < P.t_2} c(Q) + 1$ 成立。也就是说，计数的增长发生在基于之前最大计数（来自于有着更小 t_1 和 t_2 的所有匹配点 Q）并且增加了当前匹配点 P 的情况。这一使用匹配点的 LCS 计算可以在图 2.1 中证实。算法第 6 行按照先 t_1 后 t_2 的方式对所有匹配点进行排序。对于排序后的每一点（第 7

行），第 8—12 行完成了之前描述的计数迭代增加。最后，M 中的最后一个点应该是 (t_1, t_2)，并且它的计数 $c[|M|]$ 是该窗口的 WLCS 长度。

算法 PERWINLCS2 的时间复杂度是 $O(m \log m + n \log n + c_M(\log c_M + c_m^2))$，其中 c_M 和 c_m 分别表示匹配点总数以及单窗口的匹配点数量，公式前两项表示对两个序列进行排序的时间，最后一项表示浏览匹配点、查找索引以及计算 WLCS。

例 2.2 以图 2.2（b）为例，其中 $s_1 = acabc$（水平方向），$s_2 = bacba$（垂直方向），图中的字符下标表示了该字符的时间戳，所有的匹配点用星号标记。算法 3—12 行的循环迭代访问了每一个匹配点，并且计算了结束于当前匹配点的窗口的 WLCS 值。以匹配点 $(5, 3)$ 为例，在图 2.2（b）中此匹配点用圈起来的星形标注，结束于此匹配点的窗口用灰色矩形框显示。算法第 5 行的 M 包括 3 个点，即 $|M| = 3$。算法第 6 行将这 3 个点按列优先排列：$(3, 2)$，$(4, 1)$，$(5, 3)$。算法第 7—11 行的循环计算出 $c[1] = 1$，$c[2] = 1$，$c[3] = 2$。最后算法第 12 行得到 $c[3] = 2$，即为灰色显示窗口中的 WLCS 长度。

2.4 窗口连接的最长公共子序列

通过模型定义，可以发现定义 2.1 中的最小密度约束条件 $d_{\min}$ 以及最大位移约束条件 $s_{\max}$（条件 1 及条件 3）能够被用作第 2.3 节中单窗口 LCS 的过滤条件。例如，作为 PERWINLCS2 的一个预过滤，当一个窗口中的匹配点数量（即 WLCS 的上界）少于 $d_{\min}w$ 时，这个窗口可以被跳过。而当 $|t_1 - t_2| > s_{\max}$ 时，这一匹配点 (t_1, t_2) 也无需被考虑。这能够确保窗口集合 W 中剩余的所有窗口都满足最小密度约束条件以及最大位移约束条件。

剩余的 WCLCS 任务计算如下。

剩余 WCLCS 问题：选取窗口集 W 中的一个链 $\mathcal{C}$，使其满足最大间隙约束条件（定义 2.1 中的条件 2），并且 $\sum_{i=1}^{c} |\sigma_i|$ 值最大，其中 $c = |\mathcal{C}|$ 表示 $\mathcal{C}$ 中的窗口数量，$|\sigma_i|$ 表示 $\mathcal{C}$ 中第 i 个窗口的 WLCS 长度（从 2.3 节可知）。

2.4.1 解决方案一：直观算法

本小节将 WCLCS 问题转化为一个图问题。一个顶点加权有向图 $\mathcal{G} = (V, E, W_v)$ 的构建过程如图 2.3 所示，W 中的每一个窗口对应一个顶点 $v \in V$，每一个窗口的 WLCS 长度对应顶点 v 的权重（权重函数 W_v）。如果映射到 v_2 的窗口跟随映射到 v_1 的窗口，并且满足定义 2.1 中的间隙约束条件，则从点 v_1 到点

v_2 有一条有向边，这样 WCLCS 问题就转换成寻找 $\mathcal{G}$ 中最长路径的问题（即寻找 $\mathcal{G}$ 中拥有最大顶点权重和的一条有向路径）。

在图 2.3（a）中，每一个矩形框代表 W 中的一个窗口，其右下角的数字代表这一窗口的 WLCS 长度。在图 2.3（b）中，每一个窗口被映射到一个顶点上。由于窗口 3 跟随窗口 8 并且满足最大间隙约束条件，因此有一条从顶点 8 到顶点 3 的边。从顶点 6 到顶点 3 没有边，是由于这两个窗口在垂直方向重叠了；从顶点 8 到顶点 5 也没有边，是由于这两个窗口不符合最大间隙约束条件。从这个例子可以看出，图 $\mathcal{G}$ 中的最长路径是从顶点 8 到顶点 9 再到顶点 5 的一条权重为 22 的路径。

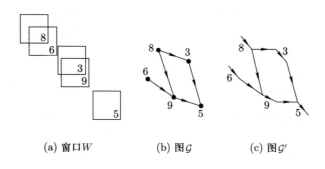

(a) 窗口 W (b) 图 $\mathcal{G}$ (c) 图 $\mathcal{G}'$

图 2.3　将剩余 WCLCS 问题转化为图问题的过程

给出一个标记了各自 WLCS 长度的窗口集合 W，每个窗口被映射为图 $\mathcal{G}$ 中的一个带权顶点，进一步将图 $\mathcal{G}$ 转化为图 $\mathcal{G}'$，图 $\mathcal{G}$ 中的每个带权顶点被转化为 $\mathcal{G}'$ 中的带权边。这个问题就转化为寻找最长路径问题。

为了解决这个问题，将图 $\mathcal{G}$ 进一步转化为另一个边加权有向图 $\mathcal{G}' = (V', E', W_e)$，这是因为当前的最长、最短路径算法适用于边加权图。对于每一个顶点 $v \in V$，变成 V' 中的两个顶点 v_{in} 和 v_{out}，形成有向边 (v_{in}, v_{out}) 加入 $\mathcal{G}'$，此有向边的权重为 $\mathcal{G}$ 中 v 的权重。并且，边 $(u, v) \in E$ 变成权重为 0 的边 $(u_{out}, v_{in}) \in E'$。容易证明 $\mathcal{G}$ 以顶点权重计算的最长路径与 $\mathcal{G}'$ 中以边权重计算的最长路径是相一致的。这也在图 2.3 中有所表现，图 $\mathcal{G}$ 中的顶点映射到图 $\mathcal{G}'$ 中权值非零的加权边，而原始的边权重为 0。

单源最短路径（SSSP）提要：SSSP 问题是寻找从一个特定顶点 s 到所有其他顶点的最短路径问题。当负权重边存在时，Bellman-Ford 算法是解决 SSSP 问题的一个通用算法。当解决有向无环图（DAG）问题时，存在一个时间复杂度为 $O(V + E)$ 的高效算法：使每一个顶点 $v \in V$ 有一个标签 $L(v)$；初始状态时，对于任意一个 $v \neq s$，设 $L(s) = 0$ 并且 $L(v) = \infty$。将边 $u \to v$ 上的松弛（relaxation）

操作定义为：如果 $L(v) > L(u) + w(u \to v)$，则令 $L(v) = L(u) + w(u \to v)$。DAG 图上的 SSSP 算法按拓扑排序遍历每一顶点 u，并且对于每一个 $v \in Adj[u]$（出边邻居），松弛边 $u \to v$。最后，对于任意 $v \in V$，$L(v)$ 是从 s 到 v 的最短距离。更多细节可参阅 [4]。

接下来从直观上理解如何高效地解决图 $\mathcal{G}'$ 上最长路径的问题。其中心思想如下：

（1）在图 $\mathcal{G}'$ 中增加一个辅助源点 s，并且为 s 到其他所有顶点增加权重为 0 的边，这样将 WCLCS 问题转化为一个单源点最长路径问题；将所有权重置为负值，则转化为一个 SSSP 问题。

（2）此图是一个有向无环图，可以使用右下角的匹配点 (x, y) 来表示 W 中的匹配窗口。如果存在一条边从 (x_1, y_1) 到 (x_2, y_2)，则一定存在 $x_1 < x_2$ 并且 $y_1 < y_2$，因此不可能存在环。

（3）以 y 优先、x 其次的顺序遍历所有窗口，y 值相等时以 x 从小到大的顺序，可生成此有向无环图的拓扑排序。

（4）需要先显式地创建图 $\mathcal{G}'$。令每一窗口 $w_i \in W$ 拥有一个标签 $L(w_i)$，当算法在第（3）步以 y 优先的方式遍历窗口 w_i 时，只需要找到那些满足最大间隙约束条件的 w_i 的前驱窗口 w_j，使其能够与 w_i 相连，之后根据 SSSP 算法松弛这些边即可。

接下来考虑两种情况：$g_{\max} = \infty$，即没有间隙约束条件，以及其他情况。首先考虑第一种情况。按顺序浏览窗口，考虑其中的一个窗口 w_i，如图 2.4（a）所示的小实线矩形框。当不存在间隙约束条件时，图 2.4（a）左上部分矩形框中（由

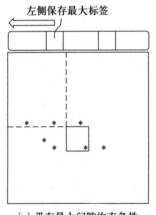
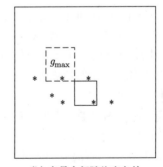

(a) 没有最大间隙约束条件　　　(b) 有最大间隙约束条件

图 2.4　对有无间隙约束条件下 WCLCS 算法的说明

两条虚线表示）的任意窗口都可以作为窗口 w_i 的一个前驱邻居，而算法需要松弛它们之间的所有边，被松弛的边实际上就是图 2.3 中 w_i 所对应的权重非 0 的带权边。在这种情况下，当按照行优先（y 优先）顺序进行浏览时，只需要记录一行位于当前列（x 值）左侧的目前所看到的最大标签，如图 2.4（a）顶部数组所示。这是因为松弛操作只增加一个窗口的标签值（等同于在原始 SSSP 问题中减小负权重的标签值）。

令 $k = |W|$，表示 W 中的窗口数量，令 k_x 和 k_y 分别表示 W 中 k 个窗口中不同的右下角匹配点的 x 值和 y 值数量。可以使用窗口右下角的匹配点 (x, y) 来标识窗口，令 $L(x, y)$ 表示窗口 (x, y) 的标签，令 $w(x, y)$ 表示窗口 (x, y) 的单窗口 LCS 长度。

算法 2.3 显示了没有间隙约束条件的情况，第 1 行根据之前所述创建最大标签数组 l，并且将所有值初始化为 0。第 4 行开始循环，以 y 优先顺序（即按行）遍历每一个窗口 (x, y)（由窗口右下角的匹配点表示）。第 5—9 行逐渐更新数组 l 至二维点 $(x - w, y - w)$，即在当前窗口开始前，因为最终窗口链中不允许重叠窗口的出现。特别地，如果出现拥有更大标签值的窗口，算法第 6、7 行对 l 中的条目进行更新，否则第 8、9 行仅将相同值扩散至右侧。第 10 行为当前窗口计算并更新标签值。最终，拥有最大标签值的窗口是最终窗口链中的最后一个窗口，它的标签值表示了窗口链的最大长度。

容易看出，即使算法包含嵌套循环，WCLCS-ANYGAP 的摊余成本为 $O(|W|)$，这是因为内循环（5—9 行）在整个算法过程中仅遍历每个窗口一次。

例 2.3 以图 2.5（a）为例，其中 $s_1 = abccd$（水平方向），$s_2 = aabcd$（垂直方向），下标表示时间戳，令 $w = 2$，顶部的数组 l 初始化为全 0 值，匹配窗口由标记为星号的匹配点所标识。随着算法以 y 优先（按行）的顺序浏览这些窗口，将窗口标签写在同样的单元格里。对于前 3 个窗口（星标），$(x - w, y - w)$ 仍在数组 l 的索引范围之外，l 中的值仍全部为 0，因此前 3 个窗口的标签分别是各自的 WLCS 长度，即 1、1、2。对于第 4 个窗口（$x = 3, y = 4$），算法将 $l[1]$ 更新为 1，并且之后 l 中的所有条目也更新为 1（由非递减性质）。因此，得到第 4 个窗口标签值 1+2=3（其自身 WLCS 为 2）。继续这个过程直到最后一个窗口 $(x = 5, y = 5)$，现在数组 l 可以被更新到第 3 个窗口，并且 $l[2]$ 之后的条目都更新为 2。由此，最后一个窗口得到标签值 2+2=4，即最终的 WCLCS 长度，而两个深色的窗口即窗口链。

接下来考虑存在最大间隙约束条件 g_{max} 的情况。与之前不同，对于一个匹配窗口 (x, y)，它的前驱窗口（即存在一条连接二者的有向边）由 g_{max} 所限制。更确

Input: *W*: 标明各自 WLCS 值的窗口集

Output: 最优 WCLCS

1 创建大小为 k_x 的数组 l //左侧有最大标签

2 $\max L \leftarrow 0$ //最大的标签值初始化为 0

3 $(x_p, y_p) \leftarrow (0, 0)$ //前一窗口初始化为空值

4 **foreach** 窗口 $(x, y) \in W$ 以 y 优先顺序 **do**

5   **foreach** $(x_p - w, y_p - w)$ 与 $(x - w, y - w)$ 之间的窗口 (x', y') **do**

6   **if** $(L(x', y') > l[X'])$ **then**

7             $l[x'] \leftarrow L(x', y')$

8   **else**

9   对于之间的每一个 i, $l[i] \leftarrow l[i-1]$

10     $L(x, y) \leftarrow l[x - w] + w(x, y)$

11     $\max L \leftarrow \max(L(x, y), \max L)$

12     $(x_p, y_p) \leftarrow (x, y)$

13 返回 $\max L$

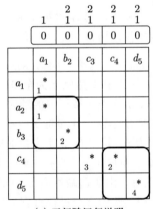

(a) 无间隙运行说明   (b) 有间隙运行说明

图 2.5　在两个相同序列上对无间隙运行以及有间隙运行的说明

切地说，前驱窗口的右下角匹配点应该在 $[(x-w-g_{\max}, y-w-g_{\max}), (x-w, y-w)]$ 矩形范围内，其中 $(x-w, y-w)$ 是当前窗口的起始点。这在图 2.4（b）中有所说明。可以使用一个空间索引来高效寻找窗口，详细过程如算法 2.4 所示。

算法 2.4: WCLCS-MaxGap (W)

Input: W: 标明各自 WLCS 值的窗口集

Output: 最优 WCLCS

1   $\max L \leftarrow 0$ //最大的标签值初始化为 0

2   初始化一个二维空间索引 $\mathcal{P}$

3   **foreach** 窗口 $(x, y) \in W$ 以 y 优先顺序 **do**

4      $B \leftarrow [(x - w - g_{\max}, y - w - g_{\max}), (x - w, y - w)]$

5      $P \leftarrow$ 从 $\mathcal{P}$ 中获取 B 中的前驱窗口集

6      $L(x, y) \leftarrow \max_{(x', y') \in P} L(x', y') + w(x, y)$

7      $\max L \leftarrow \max(L(x, y), \max L)$

8   将 (x, y) 存储在 $\mathcal{P}$ 中

9   返回 $\max L$

在算法 2.4 第 2 行，算法为存储和搜索前驱窗口，创建并初始化一个二维索引。随着算法以 y 优先顺序遍历窗口 (x, y)（第 3 行），第 4 行的矩形框 B 即之前描述的搜索范围。算法第 5、6 行获取这些前驱窗口，其中拥有最大标签值的窗口用来计算并更新当前窗口的标签值，之后存储在第 8 行的索引 $\mathcal{P}$ 中。拥有最大标签值的窗口即所求窗口链中的最后一个窗口。

例 2.4 使用与例 2.3 相同的两个序列，令 $w = 2$，如图 2.5（b）所示，加入最大间隙约束条件 $g_{\max} = 1$。对匹配窗口（由标星匹配点标识）进行遍历，算法在一个空间索引中查找前驱窗口。例如，当前窗口 $(x = 4, y = 4)$ 为突出显示的灰色单元格，被搜索的矩形框 B（对应算法第 4 行）是突出显示的灰色 2×2 区域，其中最大标签值为 1，因此当前窗口的标签值被置为 $1+1=2$（对应算法第 6 行）。类似地，最后一个窗口（结束于粗线框单元格所表示的匹配点）的搜索框 B 是拥有最大标签值为 2 的粗线边框所表示的 2×2 区域。因此，最后一个窗口的标签值为 $2+2=4$。与图 2.5（a）中粗线矩形框所标识的两个窗口一样，出现在最终的窗口链中。

2.4.2   解决方案二：基于信息搜索的算法

当匹配窗口数量过多时，WCLCS-MaxGap 会产生大量的空间索引操作，因而比较耗时。这一问题可以看成一个搜索问题——在所有可能的窗口链中，搜索拥有最大总长度的窗口链。本小节介绍一种新的信息搜索算法，其目标是对窗口链搜索和空间索引查询进行剪枝。这一算法属于 A* 搜索 [1]。

在这一算法中，可以在一个优先队列 Q 中（通过堆数据结构来实现）存储窗口链集（大部分是部分窗口链，少部分是完整窗口链），窗口链 C 的优先级可以表示成一个函数 $f(C) = g(C) + h(C)$，其中 $g(C)$ 是 C 中窗口的匹配总长度（即匹配字符数）。然而，窗口链 C 可能是不完整的，并且会有更多的窗口加入这一窗口链（根据最大间隙约束条件）。因此，算法使用 $h(C)$ 来表示可能加入窗口链 C 的窗口的总匹配长度的一个上界。这样，$f(C)$ 即可表示从窗口链 C 派生的所有窗口链的长度上界。

初始时，优先队列 Q 中的每个窗口链仅是一个单一的匹配窗口，并且在 Q 中有 $|W|$ 个窗口链。对于一个单一窗口的链 C 来说，$g(C)$ 就是这个窗口的 WLCS 长度。那么 $h(C)$ 呢？应该把什么作为能够加入 C 的匹配窗口长度总和的上界？答案是，可以借助 LCS 长度。这是因为 LCS 不考虑任何约束条件，可以作为一个天然的上界使用。接下来根据图 2.4（a）来做一个说明。考虑只包含单一窗口 (x, y) 的窗口链 C，如图 2.4（a）中的小实线矩形框所示。假设只需要沿左上方向扩展窗口链，也就是说，只有从图中左上方大的矩形区域（有两条虚线标识边）所选择的 (x, y) 的前驱能够被加入窗口链 C，则这一矩形区域的 LCS 长度即为上界 $h(C)$。假设当前只知道截至匹配点的 LCS 长度，则可以令 $h(C) = LCS(x, y) - w(x, y)$，其中 $LCS(x, y)$ 是从两个序列起始点到 (x, y) 的 LCS 长度，$w(x, y)$ 是窗口 (x, y) 的 WLCS 长度。

每次从优先队列 Q 中删除拥有最大优先级的窗口链 C，然后根据最大间隙约束条件通过查找空间索引来看 C 是否能够被扩展至与其前驱窗口相连。对于符合条件的前驱窗口，将其加到 C 前，并将新的窗口链加入优先队列 Q，这时 $h(C)$ 将基于这一前驱窗口的 LCS 更新；如果没有前驱窗口，则将 $h(C)$ 置为 0，并将 C 加入 Q。

一个 $h(C) = 0$ 的窗口链 C 是完整的，并且不能被进一步扩展。因此，如果一个从 Q 中被移除的 C 具有 $h(C) = 0$，则这就是目标 WCLCS。这是因为它具有最大优先级，即最长长度（由优先队列定义而知），并且由于优先队列 Q 中的所有优先级值（f）都是一个上界。也就是说，未来不会有一个拥有比 C 更大优先级的完整窗口链出现。详细算法如算法 2.5 所示。

如前所述，算法 2.5 第 1—6 行将所有的单窗口窗口链放到优先队列 Q 中。算法第 7—25 行是算法的主循环体。在这里，算法不断将 Q 中拥有最大优先级的窗口链取出。在第 9、10 行，如果这已经是一个完整窗口链，即不能被进一步扩展，则将其作为结果返回；否则在第 11—15 行中通过查找空间索引来获得满足最大间隙约束条件的前驱窗口。第 12 和 15 行说明在整个算法中一个窗口最多只需要被扩展一次。本小节将在定理 2.1 中分析这一点。如果没有前驱窗口，算法

算法 2.5: WCLCS-Astar (W)

Input: W: 标明各自 WLCS 值的窗口集

Output: 最优 WCLCS

1 **foreach** $(x, y) \in W$ **do**
2      $\mathcal{C} \leftarrow (x, y)$
3      $g(\mathcal{C}) \leftarrow w(x, y)$ //单窗口 LCS 长度
4      $h(\mathcal{C}) \leftarrow LCS(x, y) - w(x, y)$
5      $f(\mathcal{C}) \leftarrow g(\mathcal{C}) + h(\mathcal{C})$
6   将 $\mathcal{C}$ 以优先级 $f(\mathcal{C})$ 放入优先队列 $\mathcal{Q}$ 中

7 **while** $\mathcal{Q}$ 非空 **do**
8      $\mathcal{C} \leftarrow$ 将 $\mathcal{Q}$ 中具有最大优先级的值取出
9   **if** $h(\mathcal{C}) = 0$ **then**
10   返回 $\mathcal{C}$ //目标状态
11      $(x, y) \leftarrow \mathcal{C}$ 中最后一个窗口
12   **if** (x, y) 被标记为已访问过 **then**
13   **continue**
14      $pre \leftarrow W$ 中 (x, y) 的前驱窗口
15   将 (x, y) 标记为已访问
16   **if** pre=null **then**
17          $h(\mathcal{C}) \leftarrow 0$
18   使用新的 $h(\mathcal{C})$ 值与 $f(\mathcal{C})$ 值并将 $\mathcal{C}$ 放回 $\mathcal{Q}$
19   **else**
20   **foreach** $(x_p, y_p) \in pre$ **do**
21              $\mathcal{C}' \leftarrow$ 复制 $\mathcal{C}$ 并添加 (x_p, y_p)
22              $g(\mathcal{C}') \leftarrow g(\mathcal{C}) + w(x_p, y_p)$
23              $h(\mathcal{C}') \leftarrow LCS(x_p, y_p) - w(x_p, y_p)$
24              $f(\mathcal{C}') \leftarrow g(\mathcal{C}') + h(\mathcal{C}')$
25   将 $\mathcal{C}'$ 以优先级 $f(\mathcal{C}')$ 加入 $\mathcal{Q}$

16—18 行将 $h(\mathcal{C})$ 更新为 0 并将 $\mathcal{C}$ 放回 $\mathcal{Q}$；否则对于每一个前驱窗口，算法第 20—25 行将其加入 $\mathcal{C}$，更新相应的 $g(\cdot)$ 值、$h(\cdot)$ 值以及 $f(\cdot)$ 值，并将新的窗口链加入 $\mathcal{Q}$。

例 2.5 本例使用图 2.3 中的匹配窗口，数字 8、6、3、9 及 5 表示各自

的 WLCS 长度，并且为简洁起见，这些数字也作为各自窗口的标识符使用。假设右下角单元格所表示匹配窗口的 LCS 长度为 $LCS(8) = 9$，$LCS(6) = 12$，$LCS(3) = 14$，$LCS(9) = 21$ 以及 $LCS(5) = 28$。表 2.1 展示了按顺序将窗口链加入优先队列 $\mathcal{Q}$ 的结果，其中最后一行表示按顺序从优先队列 $\mathcal{Q}$ 弹出的 4 个窗口链（最后一个被弹出的窗口链 $(5,9,8)$ 即 WCLCS 结果）。在初始时算法将单一窗口窗口链（表 2.1 中前 5 列）加入 $\mathcal{Q}$，其中 $g(\cdot)$、$h(\cdot)$ 以及 $f(\cdot)$ 的计算方式如算法 2.5 第 3—5 行所示，并且 $f(\cdot)$ 值表示了它们的优先级。优先级最高的是 28（窗口 5），因此算法第 8 行将其从 $\mathcal{Q}$ 中弹出。窗口 5 拥有前驱窗口 9 和 3，因此窗口链 $(5,9)$ 和 $(5,3)$ 被加入 $\mathcal{Q}$（算法第 20—25 行）。现在的最大优先级是 26，因此窗口链 $(5,9)$ 被弹出。之后表 2.1 中的下两列：窗口链 $(5,9,8)$ 和 $(5,9,6)$ 被加入 $\mathcal{Q}$。随后窗口链 $(5,9,6)$ 被弹出，并且窗口 6 没有前驱窗口。因此它的 $h(\cdot)$ 值被置为 0 并且重新放入 $\mathcal{Q}$。当窗口链 $(5,9,8)$ 被弹出时同样的情况发生，但当其 $h(\cdot)$ 值被置为 0 后，它仍然拥有最大优先级，因此算法第 10 行将其作为结果返回。

表 2.1 对 WCLCS-Astar 算法的说明

$\mathcal{C}$	8	6	3	9	5	5,9	5,3	5,9,8	5,9,6	5,9,6	5,9,8
$g(\mathcal{C})$	8	6	3	9	5	14	8	22	20	20	22
$h(\mathcal{C})$	1	6	11	12	23	12	11	1	6	0	0
$f(\mathcal{C})$	9	12	14	21	28	26	19	23	26	20	22
pop					(1)	(2)		(4)	(3)		

由于优先队列可以非常大，当超出内存限制时，可以使用 SMA*[5] 中的简单算法将更不可能被弹出的节点从搜索树中暂时性地删除。接下来证明 WCLCS-Astar 的正确性。

定理 2.1 WCLCS-Astar 算法能够给出正确的结果，特别地，W 中的匹配窗口最多只被访问（空间索引查找以及被扩展到一个或多个窗口链中）一次。最终返回的窗口链即为 WCLCS。

证明 首先，在整个算法中，对于一个窗口链 $\mathcal{C}$，$f(\mathcal{C}) = g(\mathcal{C}) + h(\mathcal{C})$ 是任意有可能从 $\mathcal{C}$ 中派生的窗口链 $\mathcal{C}'$ 的匹配总长的上界。这是因为 $g(\mathcal{C})$ 是窗口链 $\mathcal{C}$ 中当前窗口的 WLCS 总和，并且 $h(\mathcal{C})$ 是未来所有可能被加入 $\mathcal{C}$ 中的匹配窗口总长的上界。

其次，不论有多少窗口链分享或包含 w_i，一个窗口 $w_i = (x,y)$ 最多只需要被访问并扩展一次（算法 12—15 行）。假设两个窗口链 $\mathcal{C}_1$ 和 $\mathcal{C}_2$ 都包含窗口 w_i，并

且 C_1 先获得 w_i。令位于 w_i 之前的 C_1 和 C_2 中的窗口序列分别为 L_1 和 L_2，则一定有 $g(L_1) \geqslant g(L_2)$，其中 $g(\cdot)$ 表示窗口序列中的 WLCS 长度总和。这是因为位于 w_i 处的 $h(\cdot)$ 值是相等的，并且 C_1 先到达 w_i 意味着 C_1 先从优先队列中被弹出，即 $g(L_1) \geqslant g(L_2)$。这说明截至 w_i，窗口链 C_1 优于 C_2（或至少相等）。然而对于 w_i 之后的选择，可以只扩展 C_1 而终止 C_2。

最后，被弹出的最大优先级窗口链 C 存在 $h(C) = 0$ 并且不能再被扩展。由于 Q 中其他所有窗口链的优先级都是这些窗口链匹配长度的上限，这些窗口链所派生的任何链都不会优于 C。

WCLCS-Astar 算法是基于"最好优先"搜索原则并且总是试图检查并扩展当前看到的最有可能的窗口链进行的。定理 2.1 说明空间索引中的任意匹配窗口最多只被查找一次，事实上，在最优窗口链被返回之前，大部分的窗口可能从未被访问以及扩展。这种算法的高效源于对搜索空间的精简。

2.5 近 似 算 法

为了进一步提升性能，本节介绍一种近似算法，其基本思想是对所有的匹配点以一个特定概率 ρ 进行采样，之后通过这些匹配点的采样来获取最佳窗口链。更少的匹配点意味着更加高效的 WCLCS 算法，特别是当算法使用的空间索引结构都能够缓存在内存中时，这种方法更加有效。WCLCS-Approx 算法显示在算法 2.6 中。

算法 2.6: WCLCS-Approx (s_1, s_2)

Input: s_1, s_2：长度分别为 m 和 n 的两个序列
Output: WCLCS
1 运行算法 PerWinLCS2，以概率 ρ 将匹配点加入空间索引 $\mathcal{P}$
2 运行任意的 WCLCS 算法，令得到的窗口链为 C
3 **foreach** 链 C 中的窗口 w_i **do**
4   使用 w_i 中的所有匹配点获取原始序列 s_1, s_2 中 w_i 的 LCS
5 返回 C

在算法 2.6 第 1 行，算法使用 PerWinLCS2 而非 PerWinLCS1，是因为对匹配点的采样本身会加速 PerWinLCS2 而非 PerWinLCS1。这是因为 PerWinLCS2 算法第 1 行后的所有操作都会由于更少的匹配点而变得更快，并且会产生一个更小的空间索引，而算法 PerWinLCS1 仍然需要遍历所有单元格

来处理三元组。第 2.6 节的实验部分也证明了通常情况下 PERWINLCS2 会快很多。在近似算法下，密度约束条件被调整为 $\rho \cdot d_{\min}$。在算法第 2 行，算法可以在第 1 行得到的匹配点集上运行任意的 WCLCS 算法，以得到一个窗口链。

算法第 3、4 行遍历窗口链中的每一个窗口，并且将匹配点采样前的原始匹配子序列恢复。由于窗口链 $\mathcal{C}$ 中的每一个二维窗口都对应了 s_1 和 s_2 中的一个窗口，这一步骤非常简单高效。接下来说明精度是如何保证的。

定理 2.2 令算法 WCLCS-APPROX 所返回的窗口链中的匹配字符总数为 l，而实际 WCLCS 中的匹配字符总数为 l^*，则对于 $0 < \delta < 1$，有 $Pr[l < (1-\delta)l^*] \leqslant \mathrm{e}^{-\rho l \delta^2 / [(1-\delta)(5-3\delta)]}$。

证明 定义一个随机变量 X 来表示算法 WCLCS-APPROX 第 2 行后所找到的 WCLCS 的长度，而 l 是由算法 WCLCS-APPROX 返回的 WCLCS 的长度，由切尔诺夫界可知，对于 $0 < \delta_2 \leqslant 1$，

$$Pr[X \geqslant (1+\delta_2)\rho l] \leqslant \mathrm{e}^{-\rho l \delta_2^2 / 3} \tag{2.2}$$

下一步，定义一个随机变量 Y 来表示真实 WCLCS 窗口链中采样匹配字符的长度。同样，由切尔诺夫界，对于 $0 < \delta_1 < 1$，

$$Pr[Y \leqslant (1-\delta_1)\rho l^*] \leqslant \mathrm{e}^{-\rho l^* \delta_1^2 / 2} \tag{2.3}$$

由于公式右侧所表示的事件能够推出公式左侧所表示的事件，因此有如下不等式

$$Pr\left[l \leqslant \frac{1-\delta_1}{1+\delta_2}l^*\right] \leqslant Pr[X \geqslant (1+\delta_2)\rho l \cap X \leqslant (1-\delta_1)\rho l^*]$$

由于 $X \geqslant Y$（由 X，Y 定义可知），因此有

$$Pr\left[l \leqslant \frac{1-\delta_1}{1+\delta_2}l^*\right] \leqslant Pr[X \geqslant (1+\delta_2)\rho l \cap Y \leqslant (1-\delta_1)\rho l^*] \leqslant \mathrm{e}^{-\rho l \delta_2^2 / 3 - \rho l \delta_1^2 / 2}$$

令 $\dfrac{1-\delta_1}{1+\delta_2} = 1-\delta$，能够得到

$$Pr[l \leqslant (1-\delta)l^*] \leqslant \mathrm{e}^{-\rho l z}$$

其中 $z = \dfrac{5\delta_1^2 + 2\delta^2 - 3\delta_1^2\delta - 4\delta\delta_1}{6(1-\delta)^2}$。当 $\dfrac{\partial z}{\partial \delta_1} = 0$ 时 z 值最大，因此得到 $\delta_1 = \dfrac{2\delta}{5-3\delta}$，也就是定理中的结果。

定理 2.2 说明一个更大的总匹配长度 l 能够给出一个更严格的精度界限。这一点很有用，因为一个近似算法更多地会被应用于更长的匹配长度上（例如，当窗口

链很长时 WCLCS-Astar 需要对更大的空间进行搜索）。实验部分 2.6 节的结果十分鼓舞人心：算法 WCLCS-Approx 能够将性能提升一个数量级，而准确度接近完美。因此，这一方法在实践中是十分有效的。

2.6 实 验 研 究

本章实验部分将回答如下问题：

(1) 在真实序列数据中，WCLCS 和 LCS 对于寻找公共事件的结果区别有多大？

(2) 本章介绍了两个单窗口最长公共子序列算法，这两种算法比较的结果如何，与 LCS 算法比较结果如何？

(3) 在真实数据以及合成数据下，使用不同参数时，WCLCS 算法（采用或不采用最大间隙约束条件）整体表现如何？

(4) 基于信息搜索和探索的算法如何提升性能？

(5) 近似算法对性能提高的效果如何？准确度如何？

2.6.1 实验数据及实验设置

实验使用了两组真实数据以及一组合成数据：

(1) **股票数据**。本节使用从 [6] 获得的西部数据（WDC）和 IVE（S&P 标准普尔 500 指数）自 2009 年 9 月开始的股票数据。WDC 股票序列数据大小为 1.1 GB，IVE 序列数据大小为 100 MB。本实验将实验的内存大小设置为不超过 400 MB，因此数据无法全部载入内存。

(2) **微软亚洲研究院 GPS 数据**。GPS 轨迹数据由微软亚洲研究院 Geolife 项目 [7] 通过 5 年时间收集所得。一条 GPS 轨迹数据是一个有时间戳的点序列，其中每一点的数据包括经度、纬度以及高度（本节只使用经纬度数据）。这一组数据包含 17 621 条轨迹记录，轨迹总长 1 292 951 km，时间总长 50 176 h。这些轨迹由不同的 GPS 记录仪以及 GPS 手机记录，数据大小为 1.6 GB。

(3) **合成数据**。基于股票数据，本实验生成了一些合成数据来改变如序列长度的大小等参数。我们将在第 2.6.2 节讨论具体实验时详细描述如何生成这些数据。

实验使用 Java 语言实现了本章提到的所有算法，并且实现了 LCS 算法作为性能参照应用于对比实验。在现有的方法中，JSI [8] 中的 R 树是适用于内存空间索引的最快索引，R* 树的一种实现方式 [9] 是适用于外部存储器的最快的空间索引。因此，当索引能够存储在内存中时，实验使用 JSI 中的 R 树；当索引不能完全存储在内存中时，使用 R* 树。同时，我们修改了外排序算法的源代码 [10] 来满足算法中的排序需求。所有的实验在处理器为英特尔酷睿 i7 2.50 GHz，内存为 8 GB 的主机上完成。如前所述，该实验过程中的内存大小限制在不超过 400 MB。

2.6.2 实验结果

对于股票数据，需要对 WDC 股价序列以及 IVE 股价数据进行预处理，使得每一个数据点表示其股价在 24 h 内（或距离最近的时间点）的变化趋势（增长/减少）以及变化程度（轻微/显著）。令 WDC 和 IVE 字符集大小为 4，包含字符 0、1、2、3，分别表示轻微增长（增长量小于 0.5）、显著增长（增长量大于 0.5）、轻微减少（减少量少于 0.5）以及显著减少（减少量大于 0.5）。处理后的 WDC 和 IVE 序列说明了 WDC 和 IVE 的变化趋势，而非其股价绝对值。

该实验在这两个序列上运行 WCLCS 算法（没有采用最大间隙约束条件）来观察何时 WDC 的变化趋势与其所在市场 IVE 的变化趋势相一致，对于其中不匹配的部分，进一步说明何时 WDC 没有符合市场变化（IVE）。获得的结果对于商业分析十分有用。我们从获得的结果中发现，不匹配的部分通常与 WDC 的重大变革或新闻有关。例如，在 2011 年 3 月出现与市场变化趋势不匹配的情况，当时该公司同意收购日立的存储设备；在 2012 年 7 月也出现不匹配的情况，当时该公司发布了新的红色系列硬盘驱动器。

作为对照，当在这两个序列上运行 LCS 算法时，LCS 没能找到有意义的结果。因为匹配字符比较分散，涉及序列中的几乎所有时间段。当允许任意间隙大小时，任何一个序列的一个短序列都有可能在另一个序列中找到匹配序列。图 2.6 说明了这一点。可以看到，LCS 的匹配长度大约是整个短序列（IVE）长度的 60%，而当单窗口最小匹配密度约束条件在 0.3 到 0.7 之间变化时，WCLCS 的匹配长度是整个短序列长度的 35% 到 16%。这里的匹配密度是基于窗口中所有字符的匹配占比。因此，更高的匹配密度阈值会过滤掉更多的窗口。实验使用的窗口大小是 1 天。

类似地，接下来的实验使用 GPS 数据对 LCS 和 WCLCS 的结果进行比较。在这一数据中，超过 80% 的地点位于北京市五环路以内的区域。这一区域的纬度范围是北纬 [39.794820°, 40.010787°]，经度范围是东经 [116.238786°, 116.546402°]。实验将这一矩形区域划分为 16 × 16 的方格，得到 256 个区域，每一个区域的大小约为 1.45 km×1.77 km，每个区域被分配一个字符作为标识。实验通过将多个轨迹连接到一起得到一个序列。

与例 1.2 类似，当两人参加同一组活动时，从这样的两个序列中找到

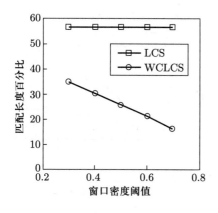

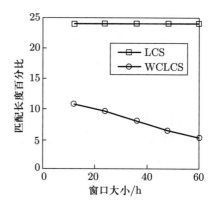

图 2.6　匹配长度对比（股票数据）　　　　图 2.7　匹配长度对比（GPS 数据）

的 WCLCS 能够识别这两个人的近距离位置序列。例如，这一数据集上的实验找到出现最多匹配序列的区域位于海淀区中关村，而这些匹配序列可能来自两名大学生或微软亚洲研究院的工作人员。但 LCS 结果没有考虑时间窗口和匹配密度条件，因此可能找到完全不同的匹配子序列。图 2.7 展示了当窗口匹配密度约束条件被置为 0.4（实验中的默认值），窗口大小在 12 h 到 60 h 之间变化时，LCS 和 WCLCS 在匹配长度方面的区别。当窗口越小时，WCLCS 匹配长度越大，这是因为在一个小的窗口中，匹配密度约束条件更容易被满足，因此对匹配总长的贡献越大。

　　对于单窗口公共子序列问题，本章介绍了两种算法 PERWINLCS1 和 PER-WINLCS2 。在这一部分实验中，本节证实这两种算法获得相同的结果，并对两种算法的性能进行比较。首先使用股票数据，并使窗口大小在 1 天到 5 天之间变化。图 2.8 使用半对数图展示了结果。可以发现 PERWINLCS2 比 PERWINLCS1 运算速度快得多，尤其是当窗口较大时，性能将提升超过一个数量级。这是因为当窗口较大时，PERWINLCS1 算法中每一单元格的三元组 (t_1, t_2, c) 数量增长十分可观，而 PERWINLCS2 使用空间索引进行查找，提供了更具扩展性的解决方案。与此同时，实验将 LCS 的运行结果作为一个参照。LCS 速度更快是因为它不需要计算每个窗口的最大长度。

　　接下来在 GPS 数据上开展了同样的实验，结果如图 2.9 所示。同样可以发现，LCS 在通常情况下处理速度最快，PERWINLCS2 可以比 PERWINLCS1 性能提高一个数量级。当窗口较小时，PERWINLCS2 会比 LCS 稍快（或大约相同），这是因为单窗口中的匹配点数量较少。在这种情况下，两种算法的额外开销大约相同。总之，这一部分实验证明了在第一步求单窗口 LCS 时，PERWINLCS2 应

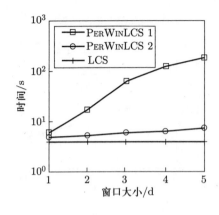

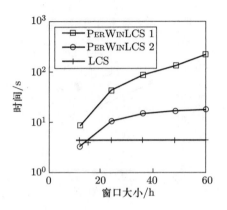

图 2.8 单窗口 LCS（股票数据）　　　　图 2.9 单窗口 LCS（GPS 数据）

比 PERWINLCS1 优先选择。在接下来的实验中，使用 PERWINLCS2 算法计算 WLCS。

　　本节接下来比较 WCLCS 的两种版本。对于没有最大间隙约束条件的情况，使用 WCLCS-ANYGAP；对于有最大约束条件的情况，使用 WCLCS-MAXGAP。实验首先使用股票数据，并对两个窗口间的最大间隙约束条件参数 g_{max} 进行改变，结果显示在图 2.10 中。对于这组数据，实验使用的默认窗口大小为 2 天。图中显示 WCLCS-ANYGAP 比 WCLCS-MAXGAP 快几倍，并且随着 g_{max} 的增长，WCLCS-MAXGAP 的运行时间有轻微的增长。这是因为对于每一个输入窗口，WCLCS-MAXGAP 需要查询并更新索引，而 WCLCS-ANYGAP 只需要顺序浏览窗口。对于 GPS 数据上的运行结果，图 2.11 展示了类似的趋势。在图 2.10 和图 2.11 中，LCS 比两个版本的 WCLCS 算法都快。由于需要处理更多的匹配窗口，GPS 数据上的 WCLCS 运行时间是股票数据上运行时间的两倍左右。在接下来的实验中，再对其他参数进行改变。

　　接下来研究字符集大小 $|\Sigma|$（Alphabet size）对性能的影响。为完成这一目标，实验使用从股票数据中生成的合成数据。在之前的实验中，实验使用字符集大小为 4 的两个股票数据序列（IVE 和 WDC）来分别表示对比 24 小时的股价轻微/显著、增长/减小变化。接下来通过采用不同的离散化级别，来从这一数据中生成一组合成数据，使得字符集大小在 2 到 16 之间。举例来说，当 $|\Sigma| = 2$ 时，数据集只有两个级别：增长和减少；而当 $|\Sigma| = 16$ 时，数据集有 8 个增长的细分级别以及 8 个减少的细分级别。图 2.12 展示了这一改变字符集大小实验的运行结果。随着 $|\Sigma|$ 的增长，WCLCS-MAXGAP 的性能显著提高。这是因为两个序列之间的字符匹配概率迅速下降，也就是算法中匹配点的数量迅速下降。这对算法性能有着显

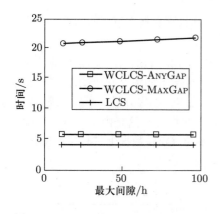

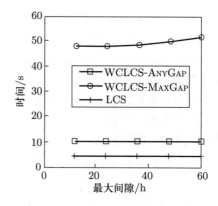

图 2.10　WCLCS 两种版本（股票数据）　　　图 2.11　WCLCS 两种版本（GPS 数据）

著影响：算法只需要遍历更少的匹配点；空间索引更小，甚至可能全部容纳在内存中；需要被排序的匹配点数量也更少。这一实验还说明，减少算法中匹配点的数量可显著提高性能。

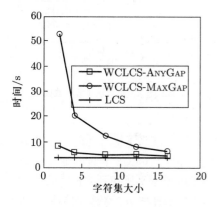

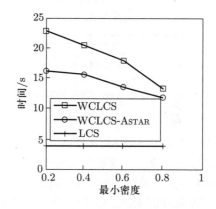

图 2.12　改变 $|\Sigma|$ 值（合成数据）　　　图 2.13　WCLCS-Astar 算法（股票数据）

在下一组实验中，实验检测基于信息搜索和探索的 WCLCS-Astar 算法。首先使用股票数据，并使窗口匹配最小密度约束条件在 0.2 到 0.8 之间变化。结果展示在图 2.13 中。可以发现，由于 WCLCS-Astar 对匹配窗口数进行了剪枝（算法试图提前结束），该算法在 WCLCS 的基础上对性能有所提高。而当匹配密度阈值较高时，由于存在更少的匹配窗口，因此减小了 WCLCS-Astar 的影响。接下来在 GPS 数据上进行类似的实验，两个匹配窗口间的最大位移参数在 1 到 24 小时之间变化。结果显示在图 2.14 中。可以再次观察到由于对搜索空间进行了剪枝，WCLCS-ASTAR 算法对性能有所提高；并且随着最大位移的增长，由于出现更多的匹配点，两个算法的运行时间都有所增长。

最后一组实验用于检测近似算法。首先使用股票数据，并且将近似算法应用在目前看到的最优算法 WCLCS-ASTAR 上。运行结果如图 2.15 所示，其中，采样率 ρ 在 0.1 到 0.5 之间变化。可以看出近似算法将性能提升了一个数量级，大大提高了运行效率。当采样率 ρ 更小时，性能提升更明显。这是由于当减小匹配点数量时，算法所使用的空间索引也更小。本实验在 GPS 数据上进行了类似的实验，结果显示在图 2.16 中，从图中能够看到类似的实验结果。

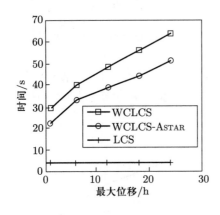
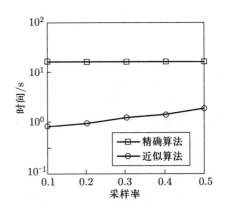

图 2.14　WCLCS-ASTAR 算法（GPS 数据）　　　图 2.15　近似算法（股票数据）

近似算法大大提升了性能，但研究者也希望知道为了提升性能，在准确度方面的牺牲有多少。实验计算通过近似算法所找到的 WCLCS 长度与通过精确算法（不进行窗口采样，在全部窗口上进行计算得到的结果）所找到的长度的比值作为衡量准确度的指标。图 2.17 展示了两组数据改变采样率 ρ 所获得的结果。结果显示，在算法运行速度提升一个数量级时，算法仍然能够获得非常好的准确度（近似算法所找到的 WCLCS 长度几乎与实际 WCLCS 相同）。例如，在股票数据中，当使用采样率 $\rho = 0.5$ 时，准确度达到 0.98，速度提升 8 倍；而在 GPS 数据上准确度更高，当采样率 $\rho = 0.3$ 时，准确度就达到了 100%，速度提升超过 10 倍。GPS 数据比股票数据有更好的实验结果，是因为 GPS 数据有更多的匹配点以及更长的 WCLCS 长度，这使得采样更加有效和准确，这一结果也与定理 2.1 中的分析一致。事实上，这种匹配点数量极大的情况正是实际中需要采用近似算法的时候，因为这时，精确算法会非常慢。这一部分的实验证明，近似算法是十分有效的，并且使得 WCLCS 有更好的扩展性。

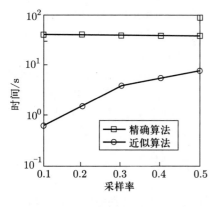

图 2.16 近似算法（GPS 数据）

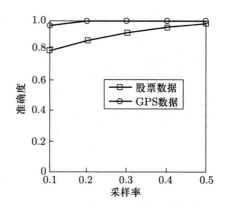

图 2.17 采样率 ρ 对准确度的影响

2.6.3 实验总结

本章节的实验结果说明 WCLCS 与 LCS 的结果有很大区别，并且 WCLCS 会产生更有意义和有用的公共事件匹配结果。作为 WCLCS 算法的第一个步骤，PERWINLCS2 比 PERWINLCS1 更快，因此在实践中应被优先选择。WCLCS-MAXGAP 比 WCLCS-ANYGAP 稍慢，但是可以通过信息搜索算法 WCLCS-ASTAR 提升性能。最后，近似算法被证实是非常高效的。近似算法能够将算法性能提升一个数量级，同时保持了很高的准确性，特别是应用于大序列数据，并且其中匹配点数量非常多的情况。

2.7 相 关 工 作

随着大量序列数据的出现，如系统日志、商业日志以及事件序列等，对于序列中事件的研究成为大数据研究领域一个非常重要的问题，学术界 [11, 12] 以及工业界 [13, 14] 对于序列中的事件处理都有着非常广泛的研究。对于复杂事件模式挖掘也有一些前期工作，如 [15, 16]。[15] 研究了如何在声明框架中使用实时数据挖掘分析计算机网络中的日志文件。特别地，[15] 展示了如何从网络管理协议消息中派生出时间关联规则。[16] 研究了如何从序列中发现频繁片段。

近期也有基于现代处理器的序列排序算法方面的研究，如 [17]。本章介绍的一些算法使用了外排序，也从这一工作中获益匪浅。对时间序列的查询和挖掘也是长期以来非常活跃的一项研究。特别地，对时间序列的表示以及距离衡量吸引了大量的关注，如 [18]。

对于最长公共子序列（LCS）的研究有一段很长的历史，如 [19]。对于这一问题，读者可以参阅一篇非常优秀的调查报告 [2]。本章详细阐述了为何 LCS 不能解决本章所介绍的问题，并且从 WCLCS 语义、结果以及性能方面与 LCS 进行了对比。还有一些 LCS 研究的变种，比如 [20] 研究了寻找同时是另一个输入序列 P 的父序列的 LCS 问题。[21] 研究了滑动窗口中最长增长子序列（LIS）的问题，这一工作也采用了窗口这一概念，但它只存在一个序列，并且目标是找到 LIS。

2.8 本 章 小 结

本章研究了在静态事件序列上，如何进行事件发现；特别地，解决了从两个长序列中找到公共事件的问题。这一问题在很多领域中都有涉及。接下来介绍了考虑窗口连接的最长公共子序列（WCLCS）的新的语义模型，并且通过将其转化为图问题，展现了高效的解决方法。在此基础上，介绍了新的提高性能的方法：一种是基于信息搜索和探索的方法，一种是近似算法。实验部分展示了数据对比结果，证实了本章算法的有效性。

参 考 文 献

[1] Hart P, Nilsson N, Raphael B. A formal basis for the heuristic determination of minimum cost paths [J]. IEEE Transactions on Systems Science and Cybernetics, 1968, 4(2): 100-107.

[2] Bergroth L, Hakonen H, Raita T. A survey of longest common subsequence algorithms [C]. Proceedings Seventh International Symposium on String Processing and Information Retrieval, A Curuna. Washington D. C.: IEEE Computer Society, 2000: 47-57.

[3] Guttman A. R-trees: A dynamic index structure for spatial searching [C]. Proceedings of the 1984 ACM SIGMOD International Conference on Management of Data, Boston. New York: ACM, 1984: 47-57.

[4] Cormen T, Leiserson C, Rivest R, et al. Introduction to Algorithms [M]. 3rd ed. Cambridge: The MIT Press, 2009.

[5] Russell S. Efficient Memory-Bounded Search Methods [C]. Proceedings of the 10th European Conference on Artificial Intelligence, Vienna. Oxford: John Wiley & Sons Inc., 1992: 1-5.

[6] Kibot 官方网站 [EB].

[7] Zheng Y, Zhang L, Xie X, et al. Mining interesting locations and travel sequences from GPS trajectories [C]. Proceedings of the 18th International Conference on World Wide Web, Madrid. New York: ACM, 2009: 791-800.

[8] JSI. Java Spatial Index [CP].

[9] Dimitris papadias group. Java implementation of R*-tree [CP].

[10] Github: Java External sorting [CP].

[11] Agrawal J, Diao Y, Gyllstrom D, et al. Efficient pattern matching over event streams [C]. Proceedings of the 2008 ACM SIGMOD International Conference on Management of Data, Vancouver. New York: ACM, 2008: 147-160.

[12] Woods L, Teubner J, Alonso G. Complex event detection at wire speed with FPGAs [J]. Proceedings of the VLDB Endowment, 2010, 3(1-2): 660-669.

[13] Chandramouli B, Goldstein J, Maier D. High-performance dynamic pattern matching over disordered streams [J]. Proceedings of the VLDB Endowment, 2010, 3(1-2): 220-231.

[14] Oracle. Oracle complex event processing: Lightweight modular application event stream processing in the real world [R]. 2009.

[15] Seipel D, Neubeck P, Kohler S, et al. Mining complex event patterns in computer networks [J]. LNCS, 2013, 7765: 33-48.

[16] Mannila H, Toivonen H, Verkamo A. Discovery of frequent episodes in event sequences [J]. Data Mining and Knowledge Discovery, 1997, 1(3): 259-289.

[17] Chandramouli B, Goldstein J. Patience is a virtue: Revisiting merge and sort on modern processors [C]. Proceedings of the 2014 ACM SIGMOD International Conference on Management of Data, Snowbird. New York: ACM, 2014: 731-742.

[18] Ding H, Trajcevski G, Scheuermann P, et al. Querying and mining of time series data: Experimental comparison of representations and distance measures [J]. Proceedings of the VLDB Endowment, 2008, 1(2): 1542-1552.

[19] Maier D. The complexity of some problems on subsequences and supersequences [J]. Journal of the ACM, 1978, 25(2): 332-336.

[20] Ann H, Yang C, Tseng C, et al. Fast algorithms for computing the constrained lcs of run-length encoded strings [J]. Theoretical Computer Science, 2012, 432(11): 1-9.

[21] Albert M, Golynski A, Hamel A M, et al. Longest increasing subsequences in sliding windows [J]. Theoretical Computer Science, 2004, 321(2-3): 405-414.

第 3 章　动态数据流事件发现

本书第 2 章介绍了一个较为基本的流数据和时间序列模型下的事件发现问题。本章将考虑一个较复杂的模型，即动态数据流中的事件发现问题。相比静态时间序列，在动态数据流模型下，对流入数据的读取和处理通常是有限次的，需要在流数据进入系统时进行一定的操作，并支持实时查询。特别地，本章介绍了动态数据流滑动窗口模型下的前 k 项频繁项问题。

对于滑动窗口中前 k 项频繁项问题，本章介绍了浮动 top–k（FTK）方法，其基本思想是令数据流中的每一数据项进行各自独立的行动，从分布中选择一个随机值，使得根据不同数据项进行分组的聚合值在概率上与该数据项的频次成正比。本章证明 FTK 的期望空间复杂度为 $O(k \log W)$，其中 k 为 top–k 中项目个数的参数，W 是最大窗口大小（以单位时间数衡量）。本章也对这一算法的时间复杂度进行了证明。FTK 的时间和空间成本只以对数形式增长这一事实是十分重要的。之前解决这一问题的所有方法（比如 FSW [1] 和 PDS [2]）都至少相对 W 呈线性增长。实验部分使用 3 个真实数据集证明，FTK 能够非常准确地获取前 k 项最频繁数据项。即使对于非常小的 W 值，PDS 和 FSW 占用的内存相比 FTK 要多 $2 \sim 3$ 个数量级，并且随 W 呈线性增长。FTK 的运行速率也比 PDS 和 FSW 快 $1 \sim 2$ 个数量级。因此，本章介绍的方法对于动态项及窗口大小任意的高速率数据流有着很好的扩展性。

对于数据项频次追踪问题，本章介绍了趋势渐进模型（PTM）算法，并证明 PTM 算法的平摊时间成本为 $O(1)$ 每时间单位。实验部分证明，在相同的准确度保证前提下，PTM 占用的空间大小为之前工作的 PLA 的 $1/20 \sim 1/30$，并且速度也有小幅提升。

3.1　问　题　描　述

给出一个数据流 $s = a_1 a_2 \ldots$ 作为输入，其中的数据项 a_i 来自一个具有高度动态性且非常大的域 $\mathcal{D}$。时间域可被划分为单位时间，如秒或分钟，如何划分取决于查询的窗口粒度。比如，用户关注的最精细的窗口粒度为分钟，则使用分钟作为单位时间。通常情况下，一个单位时间内可以有任意数量的数据项抵达。

定义 3.1　窗口中的前 k 项频繁项

令当前单位时间为 t，窗口中的前 k 项频繁项问题是查找从单位时间 $t-w$ 到单位时间 t 内（记为 $[t-w,t]$）出现频次最高的前 k 个数据项，其中 $w \leqslant W$（W 为 w 的上界）。这一查询可以在任意单位时间 t 时进行。

时间窗口可以为几秒、几分钟、几小时、几天、几周甚至几个月。系统会随着实时数据流的进入，维护一个尽可能简洁的数据结构。在任意单位时间 t 进行查询时，属于查询时间窗口内的前 k 项最频繁数据项被作为结果返回。

定义 3.2 数据项频次追踪问题

对于一个选定的数据项 i，维护一个简洁的数据结构 M，使得从时间窗口 $[t-w,t]$ 中随机选择任意一个单位时间 t' 时，通过查询 M，可以将数据项 i 在单位时间 t' 内的频次以误差不超过实际频次 δ 的比率，以概率大小不超过 $1-\varepsilon$ 作为结果返回。

接下来在设计数据项频次追踪问题的解决方案时，有以下 3 个目标：（1）解决方案应保证准确度；（2）在实时操作中逐步高效地构建 M；（3）数据结构 M 应十分紧凑。

3.2　窗口中的前 k 项频繁项

FSW 方法和 PDS 方法的一个主要问题是它们耗费太大，特别是在内存占用以及处理开销上。随着窗口 W 的增长，这两种方法所需的内存将以一个大的常数相对 W 呈线性增长。更坏的是，随着时间的推移，很难简洁地维护项目的频次计数，因为在上界为 W 的窗口中，所有窗口中不断有数据项进入和到期超时。

这里所介绍方法的基本思想是：数据流中每一个到达的数据项，从一个特殊的分布中，需要对自己的级别进行独立的随机选择；对于任意窗口，按数据项分组的聚合值与该窗口中对应数据项的总频次计数是概率上成比例的。这一聚合值也就是窗口中该数据项的最大级别。因此，可以维护一个称为浮动 top-k 项目池的紧凑的数据结构，使其为每个窗口维护前 k 个最高级别的数据项。

通过这一方法，一个十分积极的影响是，算法不需要维护持续的计数状态，因此，处理任意窗口中所有进入和离开的数据项都非常简单。换句话说，不需要像之前的方法一样，显式地处理数据项的过期失效。例如，在其他的方法中，如果需要像 FSW [1] 为每一个数据项 i 维护一个频次计数，当有数据项失效时，则需要将失效数据项的计数从总数中减除，将导致非常高的维护代价。而在这里介绍的方法中，在 top-k 项目池中的每一个数据项都有一个介于 $[t-W,t]$ 的时间戳。因此，只需要简单地从项目池中收集属于查询窗口中的所有数据项就足够了（查询窗口

允许小于 W)。这一优势来源于到达数据项独立选择级别这一设计。

3.2.1 解决方案

解决窗口中前 k 项频繁项问题的主算法，被称为浮动 top-k（FTK）。第一个算法，MAINTAINFLOATINGTOPK，见算法 3.1，用于帮助数据流系统维护一个浮动 top-k 项目池 Γ，这一项目池 Γ 用来存储拥有最高或最大级别的数据项。然后在任意时刻，当接到一个用户查询时，系统能够从当前项目池 Γ 中获取前 k 项最频繁数据项。

对于项目池 Γ 来说，最重要的一点是它应该与最大窗口 W 呈亚线性关系。事实上，本章将在定理 3.1 中证明 Γ 的期望为 $O(k \log W)$。为实现这一目的，将 Γ 中的数据项（每一数据项包含了数据项 i 的级别信息 l）按时间戳来进行排序。因此，当算法维护一个目前所看到最高级别的 k 元组矢量 $ctop$ 时，按照时间倒序来扫描 Γ 中的数据项，如果一个元组 (i, l) 的级别没有 $ctop$ 中任意元组的级别高，则可以将其从 Γ 中移除。这是因为 (i, l) 在任意一个窗口中，都会比 $ctop$ 中所有的元组更早失效，因此从现在起，这一数据项不可能属于任意窗口中的 top-k。本章将在解释算法后用一个例子来说明这一点。

算法 3.1：MAINTAINFLOATINGTOPK 的输入参数 k 也被看做一个上界，因此对于任意 $k' \leqslant k$，算法可以轻易处理前 k' 项最频繁数据项问题。在算法 1、2 行，算法将浮动 top-k 数据项池 Γ 初始化为全空。为了便于阐述，将 Γ 表示为一个数组，其中数组元素表示按时间倒序排列的单位时间。例如，$\Gamma[0]$ 中存储的是当前单位时间到达的数据项，$\Gamma[j]$ 中存储的是当前时间之前 j（$0 \leqslant j \leqslant W-1$）个单位时间到达的数据项。由形式 (i, l) 表示的元组说明数据项 i 拥有级别 l。算法通过由时间排序的链表实现 Γ，Γ 中的每一个元组也有一个"单位时间"属性。

算法第 4—22 行是对于每一个当前单位时间 t 所执行的动作。算法第 4、5 行是时间单位偏移。算法第 6—9 行首先令当前单位时间 t 中的每一个数据项获得一个随机级别，之后从这些数据项中获得前 k 个拥有最高级别的元组并将它们赋值给 $\Gamma[0]$（其中第 8 行调用的 RANDOMLEVEL 将在算法 3.2 中详细讲述）。如果在单位时间 t 时的数据项个数少于 k 个，则保留所有数据项。注意仅需要为 $\Gamma[0]$ 维护所有（不超过 k 个）数据项，这是因为这些数据项是最新的。如果用户查询窗口大小为 1 的 top-k 数据项，则这些数据项会被作为结果返回。直观来说，数据项池中更新的数据项更好，是因为它们失效更晚。因此在算法第 10—22 行，按照时间倒序遍历所有元组。

算法第 10 行对当前 top-k 元组 $ctop$ 进行初始化。从 11 行开始循环处理当查

算法 3.1: MAINTAINFLOATINGTOPK (s, W, k)

Input: s：数据流

W：窗口大小上界

k：结果需要的最高频次数据项数量上界

Output: 一个持续发展变化的数据结构 Γ

1 **for** $j \leftarrow 0$ **to** $W - 1$ **do**
2     $\Gamma[j] \leftarrow$ 空表

3 **foreach** 当前单位时间 t **do**
4   **for** $j \leftarrow W - 1$ **down to** 1 **do**
5         $\Gamma[j] \leftarrow \Gamma[j - 1]$
6     $\Gamma[0] \leftarrow$ 空表
7   **foreach** 单位时间 t 内到达的数据项 i **do**
8         $l \leftarrow$ RANDOMLEVEL(p)
9         $\Gamma[0]$ 根据不同的 i 和最大级别 l（根据 l 倒序排列）维护前 k 个元组 (i, l)
10     $ctop \leftarrow \Gamma[0]$ //维护当前 top-k
11   **for** $j \leftarrow 1, ..., W - 1$ **do**
12   **for** $(i, l) \in \Gamma[j]$ **do**
13   **if** $l \leqslant ctop[k].level$ **then**
14   从 $\Gamma[j]$ 中移除 (i, l)
15   **continue**
16   **if** $\exists l', s.t.(i, l') \in ctop$ **then**
17   **if** $l > l'$ **then**
18   用 (i, l) 替换 $ctop$ 中的 (i, l')
19   **else**
20   从 $\Gamma[j]$ 移除 (i, l)
21   **else**
22   用 (i, l) 替换 $ctop$ 中的 $ctop[k]$

询窗口大小为 j 时 top-k 中的数据项。第 12 行遍历当前数据项池中的所有元组（时间戳为 $t - j$）。第 13 行，如果元组 (i, l) 的级别 l 没有 $ctop$ 中的最低元组级别高（$ctop$ 中的元组按级别倒序排列），则将这一元组从数据项池中删除（第 14、15 行）；否则，第 16 行的条件说明 $ctop$ 中存在一个元组，和这一元组 (i, l) 来自相同

的数据项 i。因此算法只在 $ctop$ 中保留一个元组（第 17—20 行），保留级别更高的元组（如果级别相同，则保留较新的数据）。算法只记录最高级别的数据项是因为结果中的 top-k 数据项是按照它们的最高级别进行排序的。第 3.2.2 节中将详细说明一个数据项的期望最大级别以及实际频次计数之间的关系。概括地说，一个拥有更高频次计数的数据项将拥有更高的最大级别。如果元组 (i, l) 不能被加入 $ctop$ 中，则将其从 Γ 中移除（从此时起，这一元组永远不会被加入 $ctop$）。在第 21、22 行，元组 (i, l) 将替换 $ctop$ 中级别最低的元组。最后得到的 $ctop$ 将包含最大窗口大小 W 中的前 k 项频繁数据项。最后，不断变化的数据项池 Γ 将能够支持任意时刻的 top-k 查询（数据项池将作为本章之后讨论的 RETRIEVETOPK 算法的输入）。

在算法 3.1 中，第 8 行调用了算法 RANDOMLEVEL，接下来讨论一下这一算法，见算法 3.2RANDOMLEVEL。第 1 行从 $(0, 1)$ 中随机选择一个实数 m。第 2—9 行实现了一个递归过程：从级别 $l = 0$ 开始（第 2 行），算法以概率 $1 - p$ 停止并返回 l 作为结果级别值。也就是，算法以概率 p 将级别提升至下一级别 $l = l + 1$（第 9 行），然后继续这一递归直到算法停止，级别 l 作为结果被返回（第 6 行）。更大的 m 值意味着更高的级别 l，这可以获得一个与数据项总计数频次概率成正比的聚合最大级别值（多次调用这一算法会产生更大的 m 值，因此一个数据项更多的进入次数会产生更大的聚合 l 值）。此外，本章描述的总体方法还可以为滑动窗口中任意大小的窗口方便地获得 top-k 频繁数据项。详细分析见第 3.2.2 节。而作为对比，在每一数据项到达时，简单的随机级别分配无法实现这一目标。

算法 3.2: RANDOMLEVEL(p)

Input: p：级别提升的概率
Output: 随机级别

1   $m \leftarrow random(0, 1)$
2   $l \leftarrow 0$
3   $q \leftarrow 1$
4   **while** true **do**
5   **if** $m < q(1 - p)$ **then**
6   **return** l
7      $m \leftarrow m - q(1 - p)$
8      $q \leftarrow qp$
9      $l \leftarrow l + 1$

接下来讨论算法 RETRIEVETOPK。这一算法基于创建并持续维护数据项池结构 Γ，为任意窗口 $w \leqslant W$，即为窗口 $[t-w+1, t]$ 返回前 k 个最频繁数据项。如前所述，k 适用于创建 Γ 的上界。算法能够通过将 RETRIEVETOPK 中的 k 替换为 k'，进行任意 top-k'（$k' \leqslant k$）查询。

算法 3.3: RETRIEVETOPK (Γ, w, k)

Input: Γ：浮动 top-k 数据结构

w：查询窗口大小

k：结果需要的最高频次数据项数量

Output: 窗口 $[t-w+1, t]$ 中的 top-k 频繁数据项

1 使用 $\Gamma[0], ..., \Gamma[w-1]$ 中的第一个元组创建一个最大堆 H（根据级别 l 排序）

2 $R \leftarrow$ 空表

3 **for** $j \leftarrow 1...k$ **do**

4   **while** true **do**

5   从最大堆 H 中取出最大值；假设为 $\Gamma[u][v] = (i, l)$

6   **if** i 不在 R 中 **then**

7   **break**

8   将 $\Gamma[u][v]$ 加入 R

9   **if** $\Gamma[u][v]$ 不是 $\Gamma[u]$ 中最后一个元素 **then**

10   将 $\Gamma[u][v+1]$ 加入 H

11 **return** R

而在浮动 top-k 数据项池 Γ 中，一个特定单位时间 $\Gamma[u]$（$0 \leqslant u \leqslant w-1$）的元组列表是按照级别降序排列的。因此，RETRIEVETOPK 本质上是一个多路归并排序，直到得到 k 个拥有最高级别的元组，通过算法第 1 行的一个最大堆（或优先队列）来实现。堆在初始时只包含每个非空列表 $\Gamma[u]$ 中的第一个元组，之后不断将堆中最大值弹出（并将列表 $\Gamma[u]$ 中的下一元组加入堆），直到得到 k 个元组。

例 3.1 以图 3.1 为例来说明算法 MAINTAINFLOATINGTOPK 是如何运行的。图 3.1 的顶部显示了以时间递增排序的数据流（单位时间 $t0, t1, ..., t8$），以及相应的数据项 $i1, i2, i1, ...$（为便于描述，每单位时间只有一个数据项），时间单位 $t8$ 为当前时间单位。假设 $W = 9$，$k = 2$。图 3.1 中的每一行显示了在相应时间单位的浮动 top-k 数据项池 Γ。在每一列的元组数据中，第二个值即由 RANDOMLEVEL 获得的数据项随机级别。接下来选择两个时间单位来看算法如何运行。首先考虑 $t = t3$，看 Γ 如何从 $t = t2$ 变化到 $t = t3$。在 $t3$ 时，随机级别为 4 的数据

项 $i1$ 到达。MAINTAINFLOATINGTOPK 算法第 6—9 行将 $\Gamma[0]$ 置为 $(i1,4)$（当前元组数小于 $k=2$）。之后算法第 10—22 行以时间倒序遍历 Γ 中的所有元组（自 $t=t2$）。对于元组 $(i1,0)$，由于相同数据项已经存在于当前的 top-k $ctop$（$(i1,4)$），因此算法将 $(i1,0)$ 从 Γ 中删除（第 20 行）。元组 $(i1,2)$ 由同样的原因被删除。同时，元组 $(i2,3)$ 加入 $ctop$ 并留在 Γ 中。接下来考虑最后一行 $t=t8$。随机级别为 1 的数据项 $i1$ 到达，随着时间倒序顺序，元组 $(i2,3)$ 加入 $ctop$，之后 Γ 中的下一个元组 $(i3,0)$ 比当前 $ctop$ 中的最低级别要低，因此从 Γ 中删除（算法第 13、14 行）。接下来下一个元组 $(i3,2)$ 替换掉 $ctop$ 中的 $(i1,1)$（算法第 22 行），而 $(i1,1)$ 仍然保留在 Γ 中，因为这一元组的时间戳更接近于当前。类似地，$(i1,4)$ 替换掉 $ctop$ 中的 $(i3,2)$。假设在这时有一个关于窗口大小为 $w=9$ 的 top-2 查询，则 RETRIEVETOPK 将返回 $i1$ 和 $i2$。如果查询窗口大小为 $w=5$，则 RETRIEVETOPK 将返回 $i2$ 和 $i3$。

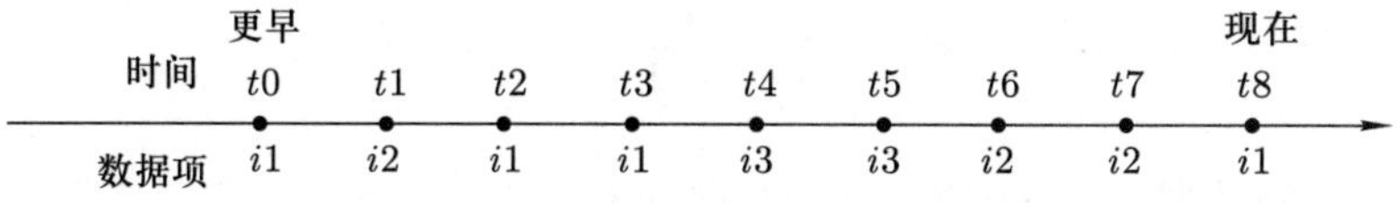

时间	t0	t1	t2	t3	t4	t5	t6	t7	t8
数据项	i1	i2	i1	i1	i3	i3	i2	i2	i1

Γ		t0	t1	t2	t3	t4	t5	t6	t7	t8
	t=t0	(i1,2)								
	t=t1	(i1,2)	(i2,3)							
	t=t2	(i1,2)	(i2,3)	(i1,0)						
	t=t3		(i2,3)		(i1,4)					
	t=t4		(i2,3)		(i1,4)	(i3,2)				
	t=t5		(i2,3)		(i1,4)	(i3,2)	(i3,0)			
	t=t6		(i2,3)		(i1,4)	(i3,2)	(i3,0)	(i2,1)		
	t=t7				(i1,4)	(i3,2)	(i3,0)		(i2,3)	
	t=t8				(i1,4)	(i3,2)			(i2,3)	(i1,1)

图 3.1 对 MAINTAINFLOATINGTOPK 算法的描述（$W=9$，$k=2$）

接下来对浮动 top-k 算法框架进行详细分析。

3.2.2 算法分析

本节首先对主算法的时间复杂度和空间复杂度进行分析，然后对最终返回的 top-k 数据项的准确度进行分析。对复杂度来说，需证明在浮动 top-k 数据项池 Γ

中维护的元组数目有一个很好的上界。

定理 3.1 浮动 top-k 数据项池 Γ 中维护的期望元组数目为 $O(k \log W)$。

证明 对于当前时间单位 t，$\Gamma[0]$ 存储了 k 个元组。$\Gamma[1]$ 在 $\Gamma[0]$ 中少数元组的基础上，存储了窗口 $[t-1, t]$ 中有可能进入 top-k 的元组 (i, l)。由于数据流中每个数据项对于级别的选择是随机并且独立的，有 $E[|\Gamma[1]|] = \dfrac{k}{2}$，即期望中 k 个最高级别的一半来自于 $\Gamma[1]$，另一半则来自于 $\Gamma[0]$。类似地，$E[|\Gamma[2]|] = \dfrac{k}{3}, ..., E[|\Gamma[W-1]|] = \dfrac{k}{W}$。因此，浮动 top-$k$ 数据项池的期望大小为

$$
E[|\Gamma|] = E\left[\sum_{i=0}^{W-1} \Gamma[i]\right] = \sum_{i=0}^{W-1} E[|\Gamma[i]|]
$$

$$
= k \cdot \sum_{i=0}^{W-1} \frac{1}{i+1} = O(k \log W)
$$

注意到当数据流速率较慢，每单位时间不足 k 个元组时，只需要将多个时间单位归并到一个"大的时间单位"中，使其拥有足够数量的元组数目。届时数据项池中将少于 W 个时间单位，而 $E[|\Gamma|]$ 只会更小。

定理 3.2 MAINTAINFLOATINGTOPK 的时间复杂度是 $O(k \log k \log W)$ 每单位时间，总的期望空间复杂度是 $O(k \log W)$。RETRIEVETOPK 的时间复杂度和空间复杂度都为 $O(k \log W)$。

证明 首先，由于 RANDOMLEVEL(p) 算法中第 4—9 行的循环可以看做是每次循环中以成功率 $(1-p)$（即停止循环）呈几何分布，MAINTAINFLOATING-TOPK 算法第 8 行对 RANDOMLEVEL(p) 的调用占用 $O(\dfrac{1}{1-p})$ 时间。因此，期望耗费 $O(\dfrac{1}{1-p})$ 是一个常数（接下来即将讨论对 p 的选择）。同时注意到算法 RANDOMLEVEL 返回的随机级别能够使用伪随机生成器方便地预先线下计算。

其次，由定理 3.1 得知，MAINTAINFLOATINGTOPK 算法第 11、12 行循环检测池 Γ 中的元组 (i, l) 数量期望值为 $O(k \log W)$。在算法第 13—22 行的循环中，第 18 行和第 22 行需要将 $ctop$ 中的一个元组替换为 (i, l)，由于需要通过搜索来维护 $ctop$ 的排序，因此占用 $O(\log k)$ 时间，除此之外，每一行占用 $O(1)$ 时间。注意到第 16 行也占用 $O(1)$ 时间，因为数据项 i 的匹配可以通过哈希表来进行。因此，每单位时间的期望时间复杂度为 $O(k \log k \log W)$。同时存储 top-k 元组池的期望空间复杂度为 $O(k \log W)$。

最后，RETRIEVETOPK 第 1 行对堆的创建占用的时间复杂度和空间复杂度均为 $O(k \log w)$（由定理 3.1 中浮动 top-k 数据项池大小可知）。在实际查询中，使用 w 表示查询窗口的大小。算法第 3—10 行对于堆的操作占用 $O(k \log(k \log w))$ 时间。因此 RETRIEVETOPK 总的期望时间复杂度和空间复杂度均为 $O(k \log w)$。

定理 3.3 对于任意查询窗口 $[t-w, t]$，RANDOMLEVEL 所返回的数据项 i 的期望最大级别是 $E[L] = \sum_{r=1}^{\infty} [1 - (1-p^r)^n]$，其中 n 是数据项 i 出现在窗口中的次数，r 是一个整数。

证明 $L = \max\limits_{j=1,\ldots,n} L_j$，其中 L_j 是数据项 i 第 j 次出现时的级别。由于数据项 i 的级别 L 是一个只取非负整数的随机变量，有

$$
\begin{aligned}
E[L] &= \sum_{r=1}^{\infty} Pr(L \geqslant r) \\
&= \sum_{r=1}^{\infty} Pr(\max_{j=1,\ldots,n} L_j \geqslant r) \\
&= \sum_{r=1}^{\infty} \left[1 - \prod_{j=1}^{n} Pr(L_j < r) \right] \\
&= \sum_{r=1}^{\infty} \left[1 - \prod_{j=1}^{n} [1 - Pr(L_j \geqslant r)] \right] \\
&= \sum_{r=1}^{\infty} [1 - (1-p^r)^n]
\end{aligned}
$$

由于 L 是一个非负整数，因此第一个等式成立 [3]。简单来说，$Pr(L \geqslant r)$ 是能够在 L 上加 1 的概率，r 值越大，迭代次数越多。

由定理 3.3 可以看到，n 值越大（即数据项 i 在查询窗口中出现的次数越多），则 $E[L]$ 越大。定理 3.3 并没有给出一个紧凑形式的解法，接下来有如下结果。

定理 3.4 给出数据项 i 通过调用 RANDOMLEVEL 返回的最大级别 l，则数据项 i 在查询窗口中出现次数的一个非偏估计值为 $\dfrac{p+1}{2p}\left(\dfrac{1}{p}\right)^l - \dfrac{1}{2}$。

证明 定义一个随机变量 X，作为当数据项 i 的最大级别第一次到达值 l 时，其在窗口中的出现次数。之后定义一个随机变量 Y，作为当数据项 i 在窗口中下一次出现将它的最大级别增长到 $l+1$ 时，其在窗口中的出现次数。事件数据项 i 的

级别达到值 l 的概率为 p^l。因此，X 以参数 p^l 遵循几何分布，有 $E[X] = \dfrac{1}{p^l}$。类似地，$Y+1$ 以参数 p^{l+1} 遵循几何分布，$E[Y+1] = \dfrac{1}{p^{l+1}}$，并且 $E[Y] = \dfrac{1}{p^{l+1}} - 1$。在查询时，数据项 i 的最大级别为 l，因此数据项 i 实际出现的次数 N 应满足 $X \leqslant N \leqslant Y$。由于 N 的取值平均分布于这一区间，因此对于 N 的非偏估计值为 $\dfrac{X+Y}{2}$。由此得出 $E[N] = \dfrac{E[X]+E[Y]}{2} = \dfrac{1}{2}\left(\dfrac{1}{p^l} + \dfrac{1}{p^{l+1}} - 1\right) = \dfrac{p+1}{2p}\left(\dfrac{1}{p}\right)^l - \dfrac{1}{2}$。

接下来在定理 3.5 中进一步显示保序性。

定理 3.5 对于一个查询窗口，一个频繁数据项 i 没有被算法 RETRIEVE-TOPK 返回的概率不超过 $\mathrm{e}^{-\frac{\mu}{2}}$，其中 $\mu = \dfrac{n_i}{n_k}$，n_i 是数据项 i 的频次，k 是 MAINTAINFLOATINGTOPK 中使用的上界参数，n_k 是实际中排序为 k' 的数据项的频次。

证明 令查询窗口中排在 k' 的数据项的最大级别为 τ，对于数据项 i 的第 j 次出现，定义一个随机变量

$$X_j = \begin{cases} 1, & \text{级别} \geqslant \tau \\ 0, & \text{其他} \end{cases} \quad (1 \leqslant j \leqslant n_i)$$

那么数据项 i 有 n_i 个随机变量。则 $Pr(X_j = 1) = p^\tau$，并且 $E[X_j] = p^\tau$。接着定义 $X = \sum\limits_{j=1}^{n_i} X_j$，则由线性期望可知，

$$E[X] = \sum_{j=1}^{n_i} E[X_j] = n_i p^\tau \tag{3.1}$$

由于 τ 是排在 k' 位数据项的最大级别，$n_k p^\tau \approx 1^{①}$。将这一结论与公式（3.1）相结合，得到

$$E[X] = \frac{n_i}{n_k} = \mu \ (\mu \text{ 在定理中被定义})$$

则由切尔诺夫界 [3]，得

$$Pr(X < 1) = Pr\left(X < \left[1 - \left(1 - \frac{1}{\mu}\right)\right]\mu\right) \leqslant \mathrm{e}^{-\mu(1-\frac{1}{\mu})^2/2} \approx \mathrm{e}^{-\mu/2}$$

---

① 由定义可知，排在 k' 位级别为 l 的数据项可以出现一次或多次，因此，$n_k p^\tau$ 的概率下界接近 1。注意一个更大的 $n_k p^\tau$ 只会帮助证明中的切尔诺夫界变得更小。

因为问题考虑的是频繁项 i，因此会有一个比较大的 μ 值，如上的概率是十分小的。注意到当轻微增加 k（决定 top-k 数据项池耗费的上界值）时，μ 将呈指数形式增长。最后，由 X_j 和 X 的定义，$Pr(X < 1)$ 是数据项 i 从未在窗口中的 n_i 次出现中获得级别至少为 τ，因此未被 RETRIEVETOPK 返回的概率，结束证明。

定理 3.5 说明了随着频次比 $\mu = \dfrac{n_i}{n_k}$ 的提高，即数据项 i 出现的频次比排位在 k' 的数据项出现的频次高得多时，数据项 i 没有被作为 top-k 结果返回的概率呈指数形式下降非常快。

算法可以进一步通过独立重复 MAINTAINFLOATINGTOPK 和 RETRIEVE-TOPK 常数次来减小方差，从而进一步提高 top-k 结果的准确度。假设这一过程被重复 c 次，将其称为重复 c 轮，于是得到 $c \cdot k$ 个数据项–级别对 (i, l)。对于出现在这些结果中的每一个与其他不同的数据项 i，首先使用定理 3.4 来计算 c 轮中每一轮次这一数据项的出现频次估计值。i 有可能只出现在某些轮次，而未出现在其他轮次中。对于一个没有 i 出现的轮次，使用那一轮次中最小的级别减 1 作为这一数据项的级别 l，使用定理 3.4 估算频次。然后去掉最大值和最小值（移除可能的异常值），使用剩余 $c - 2$ 个轮次中估计值的平均值作为数据项 i 的最终频次。最后，根据这些最终频次选择 top-k 数据项。虽然重复 MAINTAINFLOATINGTOPK 和 RETRIEVETOPK c 次能够提高准确度，但需要耗费更多的资源。3.4 节中的实验部分将展现使用不同 c 值的影响。

接下来，讨论对参数 p，即每个数据项选择随机级别时级别提升概率的选择。直观来看，需要确保 top-k 数据项的最大级别能够分散在一个足够大的范围内（如 $2k$），使得能够对项目级别的变化保持良好的适应性。

定理 3.6 令一个时间窗口中的数据项总数为 n，排在 k 位的数据项频次为 n_k，则应该将参数 p 选择为 $p = \left(\dfrac{n_k}{n}\right)^{\frac{1}{k'}}$，其中 k' 是所需要的 top-k 数据项所跨越的级别数。

证明 首先考虑所有数据项，并令时间窗口中的最大级别为 l。由定理 3.4 可知，

$$n \approx \frac{p+1}{2p}\left(\frac{1}{p}\right)^{l} - \frac{1}{2} \tag{3.2}$$

由于 k' 是所需要的 top-k 数据项所跨越的级别数，排位在 k 的数据项的最大级别应该为 $l - k'$。再次由定理 3.4 可知，

$$n_k \approx \frac{p+1}{2p}\left(\frac{1}{p}\right)^{l-k'} - \frac{1}{2} \tag{3.3}$$

使用公式（3.2）除以公式（3.3）并简化近似后，得到如定理中的 $p = \left(\dfrac{n_k}{n}\right)^{\frac{1}{k'}}$。

例如，收集到统计信息 $n = 100\,000$ 以及 $n_k = 3\,000$（$k = 5$）。n_k 可以通过使用任意 p 值（如 0.5）进行估算。假设需要的 $k' = 2k = 10$，则根据定理 3.6 p 取 0.7。注意不能无限增大 k'，因为如定理 3.6 所示，一个更大的 k' 意味着一个更大的 p 值，而这将增加 RANDOMLEVEL 为每一数据项被调用的代价，其期望代价为 $O\left(\dfrac{1}{1-p}\right)$。

最后，p 的选择可以是动态的。对于窗口大小 W，基于运行时所估计的 n_k 和 n 值，可以动态地调整 p。

3.3 数据项频次的简明实时追踪

前面研究了如何为任意大小的时间窗口获取 top-k 频繁项结果。在很多应用场景中，用户知道自己对哪些数据项感兴趣。例如，在交互式数据应用中，在查询 top-k 频繁项后，用户可能希望单独跟踪这些数据项频次的变化。随着时间流逝，其中一些数据项不再是"热点"数据项，于是用户将启动新一轮的数据探测，查询 top-k 数据项后对数据项分别进行追踪。这一过程重复进行。因此，本章提供的方法可以应用在一个全面的数据探索系统中。

假设用户需要同时对大量数据项进行单独追踪。对于解决数据项频次追踪问题的目标是希望能够简明并高效（实时处理）地在满足准确度要求基础之上，在一个时间窗口中对所选数据项的历史频次计数进行追踪。在一个大的时间窗口中对一个数据项进行频次追踪时，由于不太可能由一个函数适合整个大窗口，因此直观上算法会使用分段函数，这一方法也被广泛使用。问题是，算法如何为每一"段"窗口选择合适的函数，使得到的结果不仅紧凑，并且高效，同时满足准确度要求。

背景知识。算法使用五点定位法 [4] 以及泰勒级数模型对数据中的一些低阶导数进行估算，来设计一个新的方法。在数值分析中，点 x 在一个维度上的 5 个定位点包括这一点以及它的 4 个"邻居"，即 $x-2h, x-h, x, x+h, x+2h$，其中 h 称为点之间的步长。得到 5 个点的函数值 $f(\cdot)$，就能够得到点 x 处函数 $f(\cdot)$ 的一系列低阶导数。例如，$f'(x) \approx \dfrac{-f(x+2h) + 8f(x+h) - 8f(x-h) + f(x-2h)}{12h}$。类似地，[4] 中还提供了公式用来估算 $f''(x)$、$f^{(3)}(x)$ 以及 $f^{(4)}(x)$ 等。得到这些导数，就能够使用 x 处的泰勒级数表示模型函数。

本节解决方案中的一个创新点是逐步增加步长 h，来找到一个合适的模型函数，使得数据项频次以及变化模式（如速度 $f'(t)$、加速度 $f''(t)$ 等）能够被很好地表示，并且泰勒级数模型能够覆盖尽可能多的数据点（或时间单位）。也就是，希望能够将分段函数中每一段的覆盖区域最大化。可以使用两个辅助算法创建链（chain）以及轮次（round）来实现这一目的。这一方法的基本原理如图 3.2（a）所示，其中零点时间点是五点定位法的中心点，虚线椭圆中的 5 个定位点对应初始步长 $h = 1$。由于其所涉及的范围有限，所产生的函数只能接近于一条水平线，无法覆盖长时间内一个很大的范围。本节中迭代地探索其他步长 h 值。例如，图 3.2（a）中零点以及虚线椭圆框外的四点所形成的五点可能会产生一个更好的函数，使其能够覆盖更多的数据点。图 3.2（b）对算法中的总体思想进行了说明。

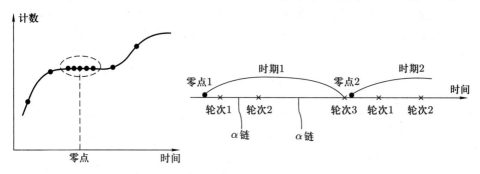

(a) 对不同步长(粒度)的五点定位法　　　(b) 对 PROGRESSIVE TREND MODEL 运行过程的说明

图 3.2　PTM 模型及运行过程说明

在图 3.2（b）中，时间线被划分为时期（epoch）。每一时期结束有一个函数（泰勒级数）作为完整模型中的一部分，每一时期有一个时间零点（zero）作为它的第一个数据点。一个时期由多个轮次组成，轮次的变化说明了模型是如何逐步扩展的。例如，图 3.2（b）中轮次 1 的结束说明有一个函数 f_1 能够覆盖轮次 1 中的所有数据点，但无法覆盖轮次 1 外的任何一个数据点。轮次 2 的结束说明有另一个函数 f_2 能够覆盖从这一时期的时间零点开始，直到轮次 2 结束的所有数据点。因此，函数 f_2 比 f_1 更好，因为它覆盖了更多的数据点。而每一个轮次由 α 个链组成，α 是一个小整数参数，它提供了模型紧凑程度和性能方面的权衡（更大的 α 值会产生更紧凑的模型，但会花费更高的计算代价）。在一个轮次内，尝试不同的步长大小 α 次来创建一个模型。在本章中，α 默认值为 3。实验部分探索了不同 α 值所产生的影响，在一个时期内，由一个轮次到下一个轮次，其覆盖范围（到零点的距离）至少增加一倍。

接下来看算法 3.4：PROGRESSIVE TREND MODEL。算法第 1 行将函数集 F 初始化为空集。第 2 行，函数 $now()$ 在数据流 s 中被调用，返回数据流中当前单位时间的时间戳。初始时，假设其位于数据项 i 的追踪时间窗口中的第一个时间单位。如前所述，变量 $zero$ 表示五点定位法的中心零点以及一个时期的开始，变量 $front$ 表示当前轮次的前边界数据点，$front_p$ 表示当前时期前一轮次（如果有的话）的前边界数据点。算法第 3、4 行对当前轮次的链数变量 $chain$、五点定位法的步长 h（2 的指数次幂）以及当前泰勒级数函数 f 进行初始化。

第 5—26 行循环处理数据项 i 的追踪时间窗口中的所有时间单位。第 8 行检查当前轮次中所有被尝试的 α 个链的情况，其中每一个链对应一个步长值 h，一个时期中从一个链到下一个链，步长 h 翻倍。第 10 行检查与前一轮次相比，当前轮次的覆盖区域是否至少翻倍。如果是，则将当前时期升级到下一轮次（第 11 行）；否则，则开始一个新的时期（第 12—15 行），并将函数 f_e 作为这一时期的函数加入函数集 F，其中 f_e 存储了当前时期的最好函数（覆盖了当前时期中的所有点）。

第 16 行调用 BUILDMODEL，使用时间单位 $zero-2h$，$zero-h$，$zero$，$zero+h$，$zero+2h$ 时数据项 i 的频次值以及五点定位法来估算导数，然后返回 $zero$ 点的泰勒级数作为函数结果。默认情况下，算法使用三阶导数以下的低阶导数。当 $zero+h$ 或者 $zero+2h$ 属于未来时（即在 $s.now()$ 之后），将会调用 $s.next()$ 来继续进行，直到时间达到 $zero+2h$。

接下来，在第 17 行调用算法 VERIFY，验证模型 f 是否能够对 $zero$ 和 $s.now()-1$ 之间的时间单位进行准确的估算。假设在这一区间内有 t 个时间单位，则对于至少 $(1-\varepsilon)t$ 个时间单位，误差不超过 δ。如果这一条件被满足，则 VERIFY 返回 true；否则返回 false。这一误差量也适用于 21 行调用的 MATCH。对 $zero$ 和 $s.now()$ 之间的区间，如果没有超过这一误差量，则 MATCH 返回 true。参数 ε 和 δ 由用户精确度需求确定。

如果验证失败（即 f 没有胜过当前时期中的最好函数），则将 f 置为空值（第 18 行）并推进到下一链。当得到能够推进当前数据流的函数 f，第 19、20 行确保 v 包括了模型能够覆盖的下一数据值。当 v 能够被当前函数匹配时，它被置为空值（第 21、22 行）。否则，轮次的前边界是前一时间单位，并且将当前时期最好的函数存储到 f_e 中（第 23—26 行）。最后，返回函数集 F。例 3.2 说明了算法的运行过程。

例 3.2 在图 3.3 中，时间轴上的点表示追踪数据项 i 时的数据点（时间点）。令当前时间窗口从时间点 0 开始，初始时 $zero$，$front$，$front_p$ 以及 $s.now()$ 的值都为 0。第一次尝试时，$chain$ 值为 1，并且步长 h 也为 1。由于 $zero$ 是当前时间窗口的开始时间，五点定位法使用的点位于时间点 $(-2, -1, 0, 1, 2)$。由于这一时间段结束时 $s.now()$ 值为 2，因此令其结果函数为 $f_{(2)}$。然后验证 $f_{(2)}$ 是否是时间点 $zero$ 和 $s.now()-1$ 之间数据项 i 频次计数的一个精确模型。然后顺序地检查接下

算法 3.4: PROGRESSIVETRENDMODEL (s, i)

Input: s : 数据流
i : 被跟踪的数据项
Output: 模型

1 $F \leftarrow \varnothing$
2 $zero, front, front_p \leftarrow s.now()$
3 $chain \leftarrow 0; h \leftarrow 1/2$
4 $f \leftarrow \text{null}$
5 **while** $s.now()$ 在数据项 i 的追踪窗口 **do**
6   **while** $f = \text{null}$ **do**
7          $chain \leftarrow chain + 1; h \leftarrow 2h$
8   **if** $chain > \alpha$ **then**
9              $chain \leftarrow 1$
10   **if** $front - zero \geqslant 2(front_p - zero)$ **then**
11                 $front_p \leftarrow front$ //晋级到下一轮次
12   **else**
13                 $h \leftarrow 1$ //开始一个新时期
14                 $zero, front, front_p \leftarrow s.now()$
15                 $F \leftarrow F \cup f_e$
16         $f \leftarrow \text{BUILDMODEL}(zero, h)$
17   **if** $\text{VERIFY}(f, zero) = \text{false}$ **then**
18             $f \leftarrow \text{null}$
19   **if** $v = \text{null}$ **then**
20         $v \leftarrow s.next(i)$
21   **if** $\text{MATCH}(f, v)$ **then**
22         $v \leftarrow \text{null}$
23   **else**
24         $front \leftarrow s.now() - 1$
25         $f_e \leftarrow f$ //当前时期的最好函数
26         $f \leftarrow \text{null}$
27 **return** F

来的数据点（算法 20 行中的 v），直到再增加一个数据点将超过使用 $f_{(2)}$ 所产生的误差量；假设这发生在时间点 $s.now() = 5$，则 $front$ 被置为 $s.now() - 1 = 4$。目前记录的最好模型为 $f_{(2)}$。当前轮次中下一尝试中的 h 翻倍为 2。现在五点定位法使用的数据点位于时间点 $(-4, -2, 0, 2, 4)$，给出一个函数 $f_{(4)}$。接下来使用 $f_{(4)}$ 对时间点 0 到 4 之间的数据进行验证，如果通过，将每次从数据流中再取出一个数据点对 $f_{(4)}$ 进行验证。假设这次在时间点 8 处超出误差界，则 $front = 7$ 并且 $f_{(4)}$是时期 1 中的最好模型。类似地，在第 3 次尝试中，$h = 4$，使用 $(-8, -4, 0, 4, 8)$处的数据获得函数 $f_{(8)}$。假设 $f_{(8)}$ 没有通过验证，由于链数（尝试次数）超过 α（默认值为 3），则推进到下一轮次，并将 $chain$ 重置为 1，$front_p = 7$。在第 2 个轮次中，h 翻倍到 8，并且得到函数 $f_{(16)}$。在经过 3 次尝试之后，假设这一轮次的推进没能在之前轮次的基础上翻倍（算法第 12—15 行），则开始一个新的时期，此时 $zero$ 被置为 8，h 被重置为 1。图 3.3 中的时期 2 说明了 3 个轮次之后一个可能的进展。这一过程持续进行，最终，算法为每一个时期找到一个符合精确度保证的最好模型，使用链和轮次逐步地扩展时期大小，使其能够覆盖尽可能多的数据点。

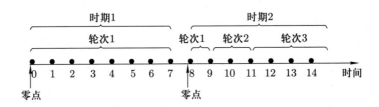

图 3.3　对算法 PROGRESSIVETRENDMODEL 的说明

接下来证明这一算法是非常高效的。

定理 3.7　算法 PROGRESSIVETRENDMODEL 的平摊成本是每单位时间 $O(1)$。

证明　使用会计分析法证明。图 3.2（b）展示了 PROGRESSIVETRENDMODEL 的运行过程，接下来单独考虑每一个时期。每当一个数据流中的一个数据点在第一次被遇到时（在某些轮次的某些链中），需要支付 3α 时间成本。一般情况下，假设一个数据点在一个时期的第 r 个轮次第一次被遇到。在图 3.2（b）中，为了使这一出现在时间单位 t 的数据点第一次在第 r 个轮次中被遇到，t 应该在轮次 $r-1$之外。为这一数据点支付的 3α 分配如下：

（1）第一个 α 是对于时间单位 t 在轮次 r 中 α 个链中，第 17 行 VERIFY 或第 21 行 MATCH 的花费。

（2）第二个 α 是在轮次 r 中 α 个链中，验证时间单位 t 的好友时间单位 t'

的花费。好友 t' 是在前一轮次中遇到的一个老的时间单位，它到时期零点的距离与从 t 到 $r-1$ 轮次结尾的距离相同。从算法第 10 行可知，除去 r 是一个时期中最后一个轮次的情况，任意 $r-1$ 轮次中的老时间单位 t' 都有一个在 r 轮次中新遇到的好友 t。因此，在 r 轮次中对于一个老时间单位验证的实际花费包含了所有成本。

（3）最后一个对于时间单位 t 的花费 α 是为了处理一个时期的最后一个轮次。在最差的情况中，最后一个轮次的所有 α 个链仅仅验证了在之前轮次所有遇到过的数据点 D，而没能匹配任意新的数据点。因此，本节介绍的方法没有产生任何额外花费，但是需要花费 C 来验证所有数据点集 D α 次。花费 C 由 D 中每一个数据点第一次遇到时剩余的花费 α 处理。

如前所述，α 是一个小的整数常量，因此算法的平摊成本为每时间单元 $O(1)$。

3.4 实 验 研 究

本节使用 3 组真实数据集进行了全面的实验，并与 3 个最相关的现有方法进行了比较。通过实验，可以回答以下问题：

（1）在 top–k 数据项的基础上，浮动 top–k 方法与 PDS [2] 以及 FSW [1] 比较情况如何？

（2）在 3 组数据集中，改变窗口大小等设置的情况下，这几种方法在内存占用以及处理耗费上的比较如何？

（3）浮动 top–k 数据项池的大小是多少？

（4）对于对单独数据项追踪问题，在相同的准确度约束条件下，在得到模型的紧凑程度上，本章介绍的渐进趋势模型（PTM）算法与 PLA [5] 比较情况如何？

（5）PTM 与 PLA 在处理耗费上的比较情况如何？

3.4.1 实验数据及实验设置

实验使用以下 3 组真实数据集。

1. Kosarak 数据集

这一数据集为一个匈牙利门户网站的匿名点击流数据 [6]。按时间顺序排序，每一个点击会话包含一系列新闻项，每一个新闻项用一个整数来表示。数据集是由 41 269 个不同数据项组成的 8 019 015 条数据条目。这一数据集在之前的工作中也曾被使用 [7]。

2. Twitter 数据集

实验使用由 twitter4j [8] 实现的 Twitter 数据流 API [9] 来获取从 2015 年 10 月 28 日至 12 月 10 日的 Twitter 流数据。数据流中每一数据项包括一个时间戳（Unix 时间）以及一个标签（许多标签可能拥有相同的时间戳），这种情况下字符串标签可能是高度动态的，并且无法预先知道有多少个不同的标签。平均情况下，每秒能够获得十几个标签。

3. World-Cup 数据集

这一数据集包含从 1998 年 4 月 30 日至 7 月 26 日对 1998 世界杯网站发出的所有请求，共 1 352 804 107 个。实验主要关注两个属性：请求的时间戳（Unix 时间）以及请求项标识符，即表示请求地址的整数标识符。从整数标识符到链接地址的映射在整个数据集中是一对一的关系。

实验使用 Java 语言实现本章中的所有算法。实验实现了 3 个最相关的对比方法：持久数据草图（persistent data sketch，PDS）[2]、支持滑动窗口的预过滤空间节省方法（FSW）[1] 以及分段回归（分段线性逼近，PLA）[5]。实验实现了 [10] 中的 FREQUENT 算法，在得知对比使用的窗口大小后，为任意固定大小的静态窗口找到真实的 top–k 频繁数据项，用于比较每种方法所找到 top–k 数据项的质量。所有实验在处理器为英特尔酷睿 i7 2.50 GHz 以及内存大小为 8 GB 的计算机上进行。

3.4.2 实验结果

1. 浮动 top–k 实验结果

对于 3.1 节定义的窗口中前 k 项频繁项问题，实验将本章介绍的浮动 top–k 方法与两个最相关的方法 PDS [2] 和 FSW [1] 进行对比。实验主要比较 3 个方面：所找到 top–k 数据项的质量、时间方面的处理耗费以及内存占用。

为比较窗口中找到的 top–k 质量，衡量方式是比较 top–k 强度，即各方法所找到窗口中真实 top–k 数据项的个数。知道查询所使用的窗口后，使用 k 个计数器，并再次浏览一遍窗口中的数据即可获得所选择的 k 个数据项的真实计数频次。在实验中得知查询所使用的窗口后，在数据集上重新运行 FREQUENT 算法（[10] 中的算法 1）即可获得这一窗口中的真实 top–k 数据项。

图 3.4—图 3.6 是 Kosarak 数据集上几种对比方法在实验 3 个方面的比较结果。对于浮动 top–k 方法，每一个会话作为一个时间单元。参数默认值为 $p = 0.79$，轮次 $c = 20$。

对于 PDS，考虑实时动态数据流的情况。在这种情况下，无法提前知道不同新闻数据项的确切数量，假设标识符是整型，因此上界是 2^{31}。对于 PDS2，假设对应的是静态情况。在这种情况下，能够提前知道不同新闻数据项的确切数量，也就是从数据集中获知的 41 269。PDS 方法在应对 top-k 查询时是通过历史窗口频繁项查询 [2]，使用 [11] 中的二元范围总和技术来将范围 $[0,n]$ 迭代地细分为 $\log_2 n + 1$ 个级别。在每一级别中，每个区间被划分为两个部分，因此，PDS 方法需要提前知道 n。在图 3.4—图 3.6 的 PDS 中，使用 $n = 2^{31}$，对应 32 个级别；而在 PDS2 中，假设提前知道 $n = 41\,269$，对应 16 个级别。

图 3.4 展示了当获取 top-10 数据项时，浮动 top-k 方法所获得的 top-k 强度与真实 top-k 强度十分接近。而 PDS 和 FSW 在窗口变大时，找到的 top-k 数据项质量非常差。

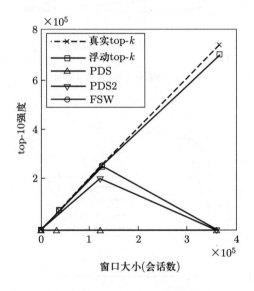

图 3.4　top-k 强度（Kosarak 数据）

图 3.5 显示了对于不同方法持续维护相应数据结构时，数据流系统的吞吐量，说明了每种方法的时间处理耗费。

在图 3.6 中，能够看到浮动 top-k 方法占用的内存非常小，大约 0.39 MB，并且是最稳定的，只随着窗口大小的增加轻微增长。PDS 和 PDS2 占用的内存比浮动 top-k 方法要多出大约 3 个数量级。实验为不同的窗口上界 W 值检测浮动 top-k 数据项池中的数据项数量，结果显示在表 3.1 中。这里展示了 Kosarak 数据集和 Twitter 数据集的结果，World-Cup 数据集结果类似。能够看到，与 W 值相比，数据项池中的数据项数量非常小。

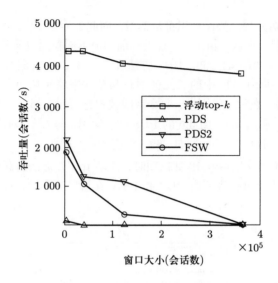

图 3.5　吞吐量（Kosarak 数据）

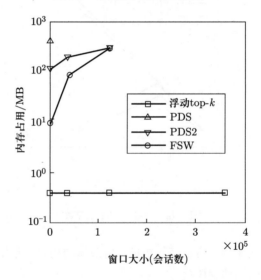

图 3.6　内存占用（Kosarak 数据）

表 3.1　对于不同窗口上界的浮动 top-k 数据项

	Kosarak				Twitter			
W 值	3 600 个	36 000 个	120 000 个	360 000 个	6 h	24 h	168 h	720 h
数据项	63	85	109	115	67	75	89	141

接下来，在 Twitter 数据集上进行实验。图 3.7—图 3.9 展示了实验结果。与 Kosarak 数据集不同，此时没有整型数据项标识符，并且数据流中的数据项为字符串（标签）。浮动 top–k 和 FSW 对于这种情况的处理方式相同。而对于 PDS，由于它使用了二元范围总和技术 [11]，需要动态地建立一个字典，使其能够记录从字符串标签到整型标识符的一对一映射。对于字符串标签，实验使用 MD5 哈希函数将其转换为随机整数，并且在内存中存储保存标签和整型标识符之间映射的字典。当通过 PDS 得到 top–k 数据项时，可以通过查找字典来获得字符串标签。对于所有的窗口大小，PDS（使用整型标识符）都超出了最大内存占用，因此，实验增加了一个 PDS 的修订版，即 PDS2。在这一修订版中，实验将整型标识符限制在 17 位内，即在使用 MD5 对一个字符串标签进行哈希运算后，再模 2^{17}。

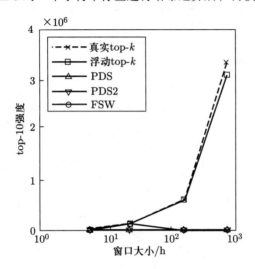

图 3.7　top–k 强度（Twitter 数据）

可以从 Twitter 数据集中看到一些有趣的结果。例如，当查询从 2015 年 11 月 14—21 日这一周中被提到最多的前 10 个标签时，结果集包含了 PrayForParis、ParisAttacks 以及 Paris，这是因为 2015 年 11 月 13 日在巴黎发生了恐怖袭击；最频繁标签还包括 MTVStars 以及 MaidentheAM（发行于 2015 年 11 月 13 日的一张音乐专辑）；GOPDebate 也属于最频繁标签，这是因为美国当时处在总统竞选辩论期。

图 3.7 显示了浮动 top–k，PDS，FSW 以及真实 top–10 标签的 top–k 强度，其中窗口大小为 6～720 h。图 3.7 说明浮动 top–k 的 top–k 强度与真实 top–k 数据项强度非常接近；当窗口大小适用时，PDS2 和 FSW 的表现比较接近。图 3.8

进一步展示，当 PDS2 和 FSW 适用时，浮动 top–k 比这两种方法快了 1~2 个数量级。如图 3.9 所示，当窗口大小为 6 h 时，PDS2 的内存占用大约比浮动 top–k 多 3 个数量级，而对于更大的窗口，PDS2 不再适用。当窗口大小为 6 h 以及 24 h 时，FSW 的内存占用分别是浮动 top–k 的 123 倍和 470 倍。由于 FSW 的内存占用随 W 增长呈线性增长，当窗口大小为 168 h 时，FSW 的内存占用也超出了内存上界。

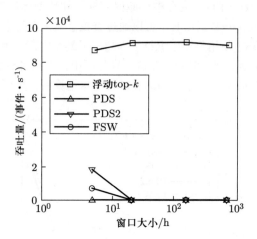

图 3.8　吞吐量（Twitter 数据）

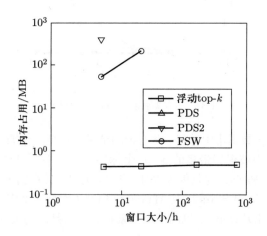

图 3.9　内存占用（Twitter 数据）

　　在 World-Cup 数据集上也进行了相同的实验，并获得了类似的结果，这里展示改变轮次数量参数 c 对实验结果的影响。实验将时间单位定为 1 h，窗口大小定为 168 h，并将轮次数量在 10 到 50 之间变化。图 3.10 显示了当 $k = 5$ 时，浮动 top-k 方法的 top-k 强度与真实 top-k 数据项的对比。图 3.11 和图 3.12 分别显示了吞吐量及内存占用的实验结果。随着重复轮次的增加，top-k 强度更接近于真实 top-k 数据项，但吞吐量下降并且内存占用上升（所占内存仍十分少）。

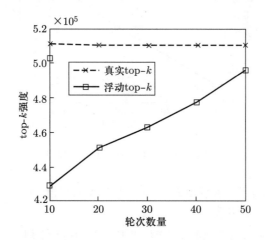

图 3.10　top-k 强度（WorldCup 数据）

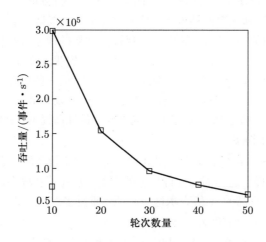

图 3.11　吞吐量（WorldCup 数据）

2. PTM 实验结果

实验检测为解决特殊数据项跟踪问题的 PROGRESSIVETRENDMODEL（PTM）算法，与最相关并广泛使用的算法——分段线性逼近法（PLA）[5] 进行比较。在

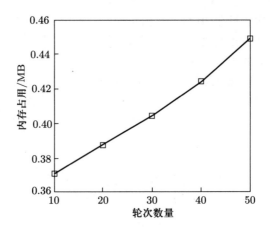

图 3.12　内存占用（WorldCup 数据）

相同准确度保证前提下，实验研究 PTM 和 PLA 所得模型的紧凑性，以及这两种方法系统吞吐量的处理耗费。

基于 Twitter 数据集的实验结果如下。对 2015 年 11 月 14—21 日 ParisAttacks 的频次进行追踪。时间单元为 5 min。PTM 有两个准确度参数 (ε, δ)（有至少 $1 - \varepsilon$ 的概率，误差不超过 δ 百分比），PLA 只有一个准确度参数 δ（误差不超过 δ 百分比）。为了公平地比较两种方法，实验将 PTM 的参数 ε 设为 0，对于相同的 δ 值，PTM 和 PLA 有着相同的准确度保证。结果的模型大小展示在图 3.13 中，用 32 位字长的字数表示。对于 PTM，实验使用参数默认值 $\alpha = 3$（在推进到下一轮次或下一时期前进行 3 次尝试）。实验也在 PTM 的一些变种上进行，即保持其他参数不变，只改变一个参数值。第一个变种是将 ε 设为 0.2，其他两个变种分别将 α 设为 1 和 10。图 3.13 显示了在相同准确度保证前提下，PTM 产生的模型比 PLA 产生的模型小得多。

系统吞吐量展示在图 3.14 中。图 3.14 显示，对于较高的 α 值，使用 $\alpha = 10$ 的 PTM 运行速度很慢。这是因为允许更大的误差，意味着在放弃之前为每一函数验证更多的数据点，更高的 α 值表示这一验证要重复多次。因此，参数 α 为模型大小及运行速率提供了一个权衡。

最后，图 3.15 展示基于 WorldCup 数据集的实验结果。实验对标识符为 57 的数据项在一个月内的频次进行追踪，吞吐量结果与 Twitter 数据集相似，因此只展示模型大小结果。实验分别在时间单位为 $\mu = 1$ h 以及 $\mu = 10$ min 的系统设定下对 PTM 和 PLA 进行比较。对于每个 μ 值，PTM 模型要比 PLA 模型小得多。

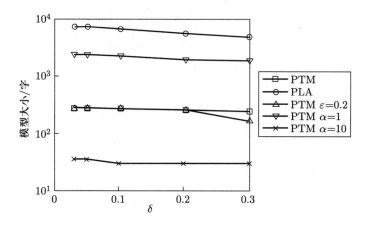

图 3.13　模型大小（Twitter 数据）

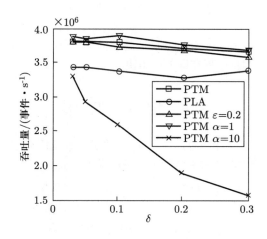

图 3.14　吞吐量（Twitter 数据）

3.4.3　实验总结

本章基于 3 个真实数据集的全面实验结果显示，浮动 top-k 方法是目前在 top-k 结果强度、内存占用以及处理效率上，对于滑动窗口数据流中前 k 项频繁项问题唯一可行的方法。对于一个较小的窗口上界 W，PDS 和 FSW 方法所占用的内存比浮动 top-k 方法所占用的内存多 2 ～ 3 个数量级，并且随着 W 的增长呈线性增长。对于 PDS 和 FSW 方法适用的情况，浮动 top-k 方法也比这两个方法快 1 ～ 2 个数量级。浮动 top-k 方法的空间复杂度为 $O(k \log W)$，使其对处理拥有动态数据项及可变任意窗口大小高速数据流中的问题有很好的扩展性。并且，

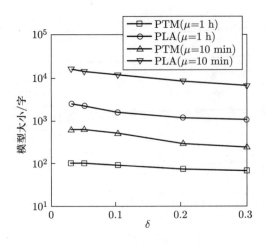

图 3.15　模型大小（WorldCup 数据）

对于数据项追踪问题，在保证相同准确度的前提下，渐进趋势模型 PTM 比对照方法 PLA 紧凑得多，并且处理速度上也稍快。

3.5 相 关 工 作

本节介绍与本章内容相关的一些工作，并对与本章所介绍工作之间的区别与联系进行讨论，对此方向感兴趣的读者可继续深入研究。

在完整数据流或静态窗口中，对时间和空间上的频繁项查询问题有大量的研究，[10] 是一篇非常优秀的研究报告，包括对各种不同算法的实验对比，[12] 也是这样的一个代表。本章的实验实现了 [10] 中的 FREQUENT 算法（即算法 1），在已知窗口大小时，来获取在任意静态固定大小窗口中的真实前 k 项频繁项。本章不仅研究了过去任意窗口大小内的前 k 项频繁项问题，并且能够在任意时间动态回答查询。

[13] 也是一篇非常优秀的研究报告，总结了频繁项查询的不同方法。[13] 将已知的算法分为基于采样、基于计数以及基于哈希 3 类，数据流模型包括时间敏感模型、分布式模型、分层和多维模型以及偏斜数据模型，滑动窗口属于时间敏感模型。在过去几年，有一系列基于滑动窗口的频繁项查询工作，其中后面的工作都对前面的工作有所提升，包括 [14–16]。频繁项查询问题是基于频次阈值 Φ 来决定选择哪些数据项，然而，在像 Twitter 这样的大数据应用以及大规模动态数据流上，即使是一个大窗口中的前 k 项数据项可能也只占总数的一小部分；况且，随着窗

口滑动和流数据的变化，或者是用户查询窗口的大小，对于前 k 项频繁项来说，Φ 可能高度动态变化并且不是一个固定值。因此，选择一个好的 Φ 值就变得十分困难，较为保守的低阈值 Φ 可能会返回太多数据项。大多数频繁项算法没能为每个数据项提供频次估算 [1]，使得从返回的结果中再去寻找前 k 项频繁项也变得不可能。

[1] 将 [17] 中描述的空间节约算法扩展至支持滑动窗口查询，这一新算法被称为支持滑动窗口的基于过滤的空间节约算法（FSW）。这一算法的一个重要缺陷是，即使窗口随着时间滑动，也只支持特定窗口大小的查询，而本章介绍的方法能够同时支持大小不超过上界 W 的所有窗口大小的查询。当然，对于 FSW 来说，用户可以独立处理多个特定窗口大小的查询，但是内存占用以及处理时间将呈线性增长。即使只处理单一窗口大小，FSW 的空间复杂度 $O(kW)$ 仍然非常大，并且维护时间复杂度为 $O(k \log k + kW)$ 每单位时间。当处理所有窗口大小时，空间复杂度和时间复杂度上升为 $O(kW^2)$ 以及 $O(kW \log k + kW^2)$。作为对比，本章介绍的方法只占用大小为 $O(k \log W)$ 的空间复杂度，以及 $O(k \log k \log W)$ 每单位时间的时间复杂度。

另一研究方向为将数据流草图（data stream sketch）扩展至能够处理滑动窗口的频繁项查询问题。[18] 将带有指数直方图 [19] 的最小计数草图（CMS）[20] 扩展至处理滑动窗口问题，这种方法称为 ECM。ECM 能够处理包括点查询、内积和自连接查询以及频繁项查询在内的多种查询（本章只关注前 k 项频繁项查询）。近来，[2] 提出了持久数据草图（persistent data sketch，PDS）方法，能够处理包括滑动窗口中频繁项问题在内的其他查询。与 ECM [18] 类似，PDS 也对 CMS [20] 进行了扩展，但是使用了更为紧凑的分段函数模型 [5]，PDS 在 ECM 基础上有所提高。

基于草图的研究方向对于频繁项查询来说，假设数据项具有在 $[1, n]$ 范围内的整数标识符，并且使用 [11] 中的二元范围总和技术，将范围 $[1, n]$ 分解为 $\log_2 n + 1$ 个级别，其中级别 l 拥有 $\frac{n}{2^l}$ 个二元范围（$0 \leqslant l \leqslant \log_2 n$）。之后，对于每一级别创建一个持续最小计数草图来追踪每个二元范围内元素的总频次。因此，一个拥有频次阈值分数 Φ 的频繁项查询问题，就能够通过递归地查询从级别 $\log_2 n$ 到 0 的持久草图来解决，其思想是不可能有超过 $\frac{1}{\Phi}$ 的二元范围拥有超过阈值分数 Φ 的频次。当定位这些频繁二元范围时，在它们的下一低级别中，只需要查询 $\frac{2}{\Phi}$ 个亚分二元范围，并且同样其中有不超过 $\frac{1}{\Phi}$ 的频繁项。最终在级别 0 中，能够得到所有的独立频繁数据项。对于动态变化的数据项，可能无法提前获知不同数据项总数的

一个好的上界 n。假设使用 32 位整数作为数据项标识符,那么将产生 32 个级别,即 32 个持久最小计数草图,它们的存储和处理代价十分可观。如果数据项本身没有整数标识符,如哈希字符串,则可能需要维护并查询一个很大的从数据项到标识符的一对一映射表。对于前 k 项频繁项查询,如前所述,这一问题仍被选择合适的 Φ 所困扰。并且,由于查询代价与 $\frac{1}{\Phi}$ 呈线性关系,由于需要反复试验和错误,一个非常小的 Φ 值会在持久草图中产生非常多次的查找。

[21] 也研究了滑动窗口中的频繁项问题。他们将数据流划分为 W 大小的片段,并且进一步将每一个片段划分为 k 个同等大小的块,而感兴趣的窗口大小也为 W,整个算法的设计是基于 k 个同等大小的块。文献中还有一些关联更远的相关工作。例如,连续监控数据流滑动窗口中的 top–k 查询 [22]。[7] 研究了数据流中拥有最高最大频次的前 k 项数据项问题,研究的是对于所有窗口长度的最高数据项频次。这项工作针对的是一个不同的问题,无法解决对于某特定窗口大小的查询。

[19] 解决了维护数据流上聚合和统计信息的问题,支持在任意时刻对任意大小滑动窗口的查询。这一工作解决了一个基本计数问题,计算数据流中任意时刻最后 w 位中 1 的个数,其中 $w \leqslant W$,W 是一个上界。通过维护一个指数直方图来解决这一问题。注意到这一问题与统计学中的预测模型 [23] 有所不同。

为了解决这一问题,分段线性逼近法(PLA)[5] 提供了一个解决方案,这一方法效率很高,并且提供了模型的准确度保证。PLA 方法的普及以及广泛应用是由于它的高效性,每单位时间平摊成本为 $O(1)$ [5],以及其对任意长时间段的适应性和可扩展性,这一特性对数据流应用特别适合。

3.6 本 章 小 结

在高速、大量、多变的流数据应用中,对前 k 个最频繁(最热门)项查询的处理能力十分重要。本章介绍了一种浮动 top–k(FTK)的解决方法,本章中大量的分析和实验说明了 FTK 是目前解决这一问题唯一可行且可扩展的解决方案。此外,本章还为在数据流中精确追踪选定项目介绍了一个有效的解决方案,这一方法比相关的工作也有显著提高。

参 考 文 献

[1] Homem N, Carvalho J. Finding top–k elements in a time-sliding window [J]. Evolving Systems, 2011, 2(1): 51-70.

[2] Wei Z, Luo G, Yi K, et al. Persistent data sketching [C]. Proceedings of the 2015

ACM SIGMOD International Conference on Management of Data, Melbourne. New York: ACM, 2015: 795-810.

[3] Mitzenmacher M, Upfal E. Probability and Computing: Randomized Algorithms and Probabilistic Analysis [M]. Cambridge: Cambridge University Press, 2005.

[4] Burden R L, Faires J D, Burden A M. Numerical Analysis [M]. 10th ed. Boston: Cengage Learning, 2015.

[5] Rourke J O. An online algorithm for fitting straight lines between data ranges [J]. Communications of the ACM, 1981, 24(9): 574-578.

[6] Kosarak 数据集 [DB].

[7] Lam H, Calders T. Mining top-k frequent items in a data stream with flexible sliding windows [C]. Proceedings of the 16th ACM SIGKDD International Conference on Knowledge Discovery and Data Mining, Washington. New York: ACM, 2010: 283-292.

[8] twitter4j Java API [EB].

[9] Twitter 开发者平台: Twitter API [EB].

[10] Cormode G, Hadjieleftheriou M. Methods for finding frequent items in data streams [J]. The VLDB Journal, 2010, 19(1): 3-20.

[11] Cormode G, Muthukrishnan S. What's hot and what's not: Tracking most frequent items dynamically [J]. ACM Transactions on Database Systems, 2005, 30(1): 249-278.

[12] Misra J, Gries D. Finding repeated elements [J]. Science of Computer Programming, 1982, 2(2): 143-152.

[13] Liu H, Lin Y, Han J. Methods for mining frequent items in data streams: an overview [J]. Knowledge and Information Systems, 2011, 26(1): 1-30.

[14] Golab L, Dehaan D, Demaine E D, et al. Identifying frequent items in sliding windows over online packet streams [C]. Proceedings of the 3rd ACM SIGCOMM Conference on Internet Measurement, Miami Beach. New York: ACM, 2003: 173-178.

[15] Arasu A, Manku G S. Approximate counts and quantiles over sliding windows [C]. Proceedings of the 23rd ACM SIGMOD-SIGACT-SIGART Symposium on Principles of Database Systems, Paris. New York: ACM, 2004: 286-296.

[16] Lee L, Ting H. A simpler and more efficient deterministic scheme for finding frequent items over sliding windows [C]. Proceedings of the 25th ACM SIGMOD-SIGACT-SIGART Symposium on Principles of Database Systems, Chicago. New York: ACM, 2006: 290-297.

[17] Metwally A, Agrawal D, Abbadi A. Efficient computation of frequent and top–k elements in data streams [C]. Proceedings of the 10th International Conference on Database Theory, Berlin: Springer, 2005: 398-412.

[18] Papapertrou O, Garofalakis M, Deligiannakis A. Sketch-based querying of distributed sliding-window data streams [J]. Proceedings of the VLDB Endowment, 2012, 5(10): 992-1003.

[19] Datar M, Gionis A, Indyk P, et al. Maintaining stream statistics over sliding windows [J]. SIAM Journal on Computing, 2002, 31(6): 1794-1813.

[20] Cormode G, Muthukrishnan S. An improved data stream summary: The count-min sketch and its applications [J]. Journal of Algorithms, 2005, 55(1): 58-75.

[21] Basat R B, Einziger G, Friedman R, et al. Heavy hitters in streams and sliding windows [C]. The 35th Annual IEEE International Conference on Computer Communications, San Francisco. Washington D. C.: IEEE Computer Society, 2016: 1-9.

[22] Mouratidis K, Bakiras S, Papadias D. Continuous monitoring of top–k queries over sliding windows [C]. Proceedings of the 2006 ACM SIGMOD International Conference on Management of Data, Chicago. New York: ACM, 2006: 635-646.

[23] Makridakis S, Wheelwright S, Hyndman R. Forecasting Methods and Applications [R]. 1998.

第 4 章   图数据流事件发现

第 3 章对动态数据流模型的事件发现问题进行了介绍，本章将考虑一个更为复杂的模型，即动态数据流上的图模型。特别地，本章考虑图数据流的事件匹配问题，对图数据流匹配问题进行详细说明，并在前期工作双仿真 [1] 的基础上提出保持度的双仿真（DDST）方法。对于一个查询图，DDST 能够获取更多的拓扑结构，并且在多项式时间内可行，这一方法对图数据流中的应用适用。之后设计一个高效的在线匹配算法。

本章介绍的第一个算法是基于数字签名理论。其基本思想是为查询图创建一个小的签名，这一签名能够获取查询的关键信息，比如边和点的标签以及所有顶点的出度和入度。这是在线下一次性完成的。之后随着线上边的到来，算法逐步计算数据流中到达的签名。本章将证明对于查询如果有一个真实的匹配，则线上计算的数字签名将与查询签名相匹配。因此，只有当出现签名匹配的时候，才需要去证实这是否是一个真的匹配。

本章介绍的第二个算法是为数据流中的边进行着色。当数据流中一条进入的边与查询中的边相匹配时，将其置为黑色；当一条黑边的邻居也能够与查询图中的边相匹配时，则将黑边升级为红边。当由红边组成的连通分量足够大时，再来验证这一连通分量是否包含一个正确的匹配。使用平摊分析 [2]，对于每条进入的边，着色算法的花费为 $O(1)$。因此，着色算法是十分高效的。

最后，本章使用不同领域的 4 个真实数据集（道路网络、电话网络、专利引用网络以及社交网络）进行了全面的实验验证。

4.1 问 题 描 述

图数据流 $\mathcal{G} = (V, E, L, T)$ 是包含标签函数及时间函数的扩展有向图，数据流中的每一个数据项 e 是一条有向边 $e \in E$，V 是顶点集，$L: V \cup E \to \Sigma$ 是一个为点和边指派来自标签集 Σ 的标签函数，$T: E \to \Gamma$ 是一个为边指派来自集合 Γ 的时间戳的时间函数。时间戳表明了边开始出现的时间点。简单来说，图数据流的数据项是以时间戳顺序到达的边。

查询图 $Q = (V_q, E_q, L_q, \prec)$ 也是有向图，其中 V_q 是顶点集，E_q 是有向边集，$L_q: V_q \cup E_q \to \Sigma$ 是标签函数，$\prec$ 是 E_q 上的一个严格的部分排序关系 [3]，称为

时间排序。一般情况下，假设 Q 是一个连通图。如果 Q 包含多个连通分量，则可以等价地在多个连通查询图上进行匹配。

对于子图匹配，仿真（simulation）和双仿真（dual-simulation）已经很完善，并且是被广泛研究的语义模型（如 [1, 4–7]）。简单来说，仿真即图 Q 模拟 G 的子图。在这一模拟中，存在一个二元匹配关系 S，将 Q 中的顶点 u 与 G 中的顶点 v 进行配对，使其拥有相同的标签，并且 Q 中 u 的每一条出边 (u, u') 都有 G 中的一个匹配边 (v, v')，其中 u' 和 v' 也根据 S 相匹配。双仿真添加了一个对称条件：Q 中 u 的每一条入边 (u', u) 都有 G 中的一个匹配边 (v', v)，其中 u' 和 v' 也根据 S 相匹配。仿真和双仿真的条件都是保持度的双仿真（DDS）的一个子集，下面 DDS 的定义将让这些概念更精确。

定义 4.1 保持度的双仿真（Degree-preserved Dual Simulation，DDS）

如果满足以下条件，则称图数据流 G 与查询图 Q 通过保持度的双仿真（DDS）相匹配。$\exists S \subseteq V_q \times V$，满足

（1）$\forall (u, v) \in S, L_q(u) = L(v)$。

（2）$\forall u \in V_q, \exists v \in V$：

    (a) $(u, v) \in S$

    (b) $\forall e_q = (u, u') \in E_q, \exists f(e_q) = (v, v') \in E : (u', v') \in S \wedge L_q(e_q) = L(f(e_q))$；并且对于 E_q 中的任意两条这类边 $e_q^{(1)}$ 和 $e_q^{(2)}$：$e_q^{(1)} \neq e_q^{(2)} \rightarrow f(e_q^{(1)}) \neq f(e_q^{(2)})$。

    (c) $\forall e_q = (u', u) \in E_q, \exists g(e_q) = (v', v) \in E : (u', v') \in S \wedge L_q(e_q) = L(g(e_q))$；并且对于 E_q 中的任意两条这类边 $e_q^{(1)}$ 和 $e_q^{(2)}$：$e_q^{(1)} \neq e_q^{(2)} \rightarrow g(e_q^{(1)}) \neq g(e_q^{(2)})$。

定义 4.1 中的二元匹配关系 S 描述了 Q 中的顶点如何与 G 中的顶点相匹配。条件（1）要求两个匹配顶点拥有相同的标签；条件（2a）要求 Q 中的每一个顶点在 G 中都有一个匹配顶点；条件（2b）进一步规定 Q 中 u 的每一条出边 e_q 在 G 中都有一条匹配边 $f(e_q)$（拥有相同的边标签以及匹配端点），并且，两条不一样的出边应有不同的匹配边；类似地，条件（2c）说明对于 u 的入边也有同样的要求。条件（2b）和条件（2c）确保了入度 $(u) \leqslant$ 入度 (v) 并且出度 $(u) \leqslant$ 出度 (v)，因此被称为保持度，这也是在双仿真 [1] 基础上增加的唯一条件。即仿真只包括条件（1）、条件（2a）以及条件（2b）中除去最后一个不同的约束条件，而双仿真也包括条件（2c）中除去最后一个不同的约束条件。

图匹配上的预备知识 [1] 考虑匹配关系 $S \subseteq V_q \times V$。关于 S 的一个匹配图是 G 的一个子图 $G(V_s, E_s)$，其中（1）顶点 $v \in V_s$ 当且仅当它在 S 中，并且（2）

边 $(v, v') \in E_s$ 当且仅当 Q 中存在一条边 (u, u') 并且 (v, v') 是它的匹配边。[1] 中的定理 2 证明双仿真匹配图的任意一个连通分量 G_c 自身也是 Q 和 G_c 中的一个匹配。换句话说，一个匹配图的每一个连通分量至少包含 Q 的一个匹配实体。

由于 DDS 蕴含着双仿真，而其增加的唯一约束条件是针对每一个独立连通分量的，符合如果 DDS 的匹配图包含一个或多个连通分量，则每一个连通分量包含 Q 的至少一个匹配实例。这些连通分量被称为匹配分量。

接下来以图 4.1 为例说明 DDS。图 4.1（a）中显示了 MIT 现实挖掘数据集 [8] 中电话呼叫网络数据的一个查询图 Q，其中包括两种类型的顶点：核心点以及边缘点（被分别标记为 C 和 P）。数据集中大多数电话呼叫来自于一个核心点与一个边缘点，有向边说明了"谁呼叫谁"，边标签包括 L（表示长时间通话，持续时间超过 15 min）或 S（短时间通话）。Q 中所有边的标签都是 L。Q 被用来进行边缘节点中的社团发现，这是一个引人关注的问题 [9]，在多种网络（如好友网络、合作网络、运输网络以及投票网络）中被研究。简单来说，网络边缘与同组核心人群有密切关系（至少包括两个长时双向通话）的人群可能属于同一社团。图 4.1（b）展示了通过 DDS 匹配的在图数据流 $\mathcal{G}$ 中的一个子图匹配分量。由定义 4.1，Q 中的 3 个 P 节点与图 4.1（b）中的 3 个 P 节点相匹配，其中 Q 中的前（后）两个 C 节点分别与图 4.1（b）中的前（后）C 节点相匹配。容易证明保持度的要求都被满足。

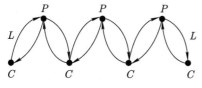
(a) 电话呼叫网络数据查询图

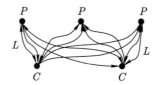
(b) 查询图在 $\mathcal{G}$ 中的匹配图

图 4.1　DDS 说明示例

注意到这样一个匹配无法通过子图同构（如 [10, 11]）找到。这一匹配对于社团发现是可行的，这是因为核心群体中任意数量的人群都可能参与其中，研究者对找到属于同一社团中最多的外围人群感兴趣。子图同构（SI）限制条件太严格而无法找到如此有意义的匹配。更多示例可查询 [1, 6]，越来越多的应用需要在如社交网络中找出特定的"社团"。

DDS 在语义灵活性以及保留查询图拓扑结构方面找到了一个平衡。双/强仿真 [1] 保留了如父子关系、连通性以及环等查询图性质。DDS 进一步维护了匹配顶点度（匹配边的基数），说明了一个关系的强度，这对于本章所列举的大部分应用都是十分必要的。例如，在图 4.1（a）中，P 节点的度说明打了许多电话。类似地，在第 1 章中的图 1.2（a）中，如果没有度的保留，道路 CA（DC）以及 EA（FE）可以匹配到 $\mathcal{G}$ 中相同的边，将导致只产生一个拥堵路段的分支，而这当然不是研究者想要的结果。

况且，子图同构是一个 NP 难问题，而基于仿真的算法则效率更高（$O(n^3)$）[1, 6]，这对于实现在线图数据流匹配的实时要求十分重要。如 [1] 所述，双/强仿真所找到的 70% ~ 80% 的匹配也是子图同构找到的。因此，即使在某些罕见情况下，当需要子图同构时，DDS 也可以作为一个有效的预处理过滤器。最后，DDS（或双仿真）将结果作为一个简洁的匹配图，而子图同构可能产生指数数量的子图匹配 [1, 6]，使得难于检测和使用。

定义 4.2　包含时间约束的保持度的双仿真（DDST）

在 DDS 匹配条件的基础之上，图数据流 $\mathcal{G}$ 与查询图 Q 通过 DDST 相匹配，如果（1）对于 $\mathcal{G}$ 中匹配分量的任意一条边 e，在 Q 中存在相同的匹配分量中的边集合，使 $\mathcal{G}$ 中的边（基于各自时间戳）符合 Q 中所有的时间限制 $\prec$，并且（2）匹配分量中所有边的时间戳应该都属于一个大小为 w 的窗口。注意，所有的匹配实例都需要报告在匹配图中。

考虑一个时间窗口 $[t-w, t]$，其中 t 是当前时间。如果边 e 的时间戳 $t(e) < t-w$，则称其失效或离开窗口。注意，将局部属性添加到匹配语义很简单，可以使其变成一个保持度的强仿真 [1]。况且，由于有了窗口约束（限制了匹配实例的范围），对局部的关注度不再那么重要。而在一个连通分量中过滤不需要的匹配实例也是很容易的。因此，本章关注 DDST 的核心技术问题，目标是以在线的方式，当匹配出现时尽快反馈。

4.2　数字签名理论

本节首先从一个简单的基本算法开始，然后介绍一个更加高效的基于数字签名理论的方法。

4.2.1　基本算法

部分时间顺序约束条件能够通过如下过程建模为查询图 Q 中的一个时间图 $\mathcal{T}$：Q 中的每一条边 e 映射到 $\mathcal{T}$ 中的一个顶点 $v(e)$。对于 Q 中的每一个时间关系 $e_1 \prec e_2$（其中 e_1 和 e_2 是边），在 $\mathcal{T}$ 中有一条从 $v(e_1)$ 到 $v(e_2)$ 的有向边。

例 4.1 图 4.2（b）是图 4.2（a）中查询图 Q 所对应的时间图 $\mathcal{T}$。图 4.2（a）中的每一条边（如 AB）映射到图 4.2（b）中的一个顶点（如 $\underline{AB}$）；图 4.2（b）中的从顶点 $\underline{AB}$ 到 $\underline{CA}$ 的有向边，说明在图 4.2（a）中，边 AB 应该在边 CA 之前被匹配。类似地，图 4.2（b）的其他边对应图 4.2（a）中的其他严格部分排序（先后顺序）关系。

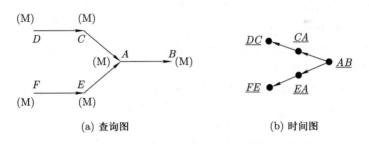

(a) 查询图   (b) 时间图

图 4.2　查询图 Q 及其所对应的时间图 $\mathcal{T}$

基本算法的核心思想是：首先调用工作 [1] 中的双仿真算法，给出一个起始点；之后，借助如例 4.1 描述的时间图方法，不断重复地去除违反时间约束条件的边，并且去除 Q 中没有保留顶点度的匹配边，直到得到一个稳定的匹配边集。

DDST 算法见算法 4.1。算法第 2 行以一个小的修改调用 [1] 中的双仿真算法，同时检查边标签匹配（[1] 中的图模型只包含顶点标签）。双仿真算法返回 Q 中顶点和 $\mathcal{G}$ 中顶点的匹配关系 S。根据 4.1 节中匹配图的定义，算法第 5 行能够比较容易地构造匹配图以及边匹配关系。与 S 类似，一个边匹配关系是 $S_e \subseteq E_q \times E$，即 Q 中一条边与 $\mathcal{G}$ 中一条边的匹配对集合。与双仿真一样，匹配图包含了所有的匹配实例。在算法第 7—19 行，移除所有违反时间排序约束条件的边。算法第 9 行的时间图在例 4.1 已经描述过。在一般情况下，匹配图中有多条边与 Q 中的一条边相匹配；因此算法第 11、12 行得到一个集合 E_m。根据 E_m 中边的时间戳，算法第 13 行在不违反时间排序约束条件的情况下，选取时间戳最小的一条边并将其分配给时间图中的顶点 v，这里的 $pre(v)$ 代表 (u,v) 是时间图中一条边的顶点 u 的集合。简单来说，$pre(v)$ 中所有顶点的时间戳都应该比 v 的时间戳小。因此，算法能够安全地去除 E_m 中时间戳比这一来自边匹配关系 S_e 中最小的可能值早的所有边（第 14 行）。算法第 18 行中的 $post(v)$ 有着类似的定义，算法第 15—19 行去除 S_e 中所有时间戳太大的边。注意到如果一条边在 S_e 中的所有条目都被去除，则这条边将从 C_m 以及匹配图中完全去除。

例 4.2 使用图 4.2（b）中时间图的一小部分为例说明，3 个顶点 $\underline{AB}$，$\underline{CA}$，$\underline{DC}$ 是任意拓扑排序的一个子序列。假设 $\underline{AB}$ 与匹配图中的 3 条边相匹配，它们

算法 4.1: DDST $(\mathcal{G}, Q, w)$

Input: $\mathcal{G}$: 图数据流, Q: 查询图, w: 窗口大小

Output: $\mathcal{G}$ 中 Q 的匹配图

1   **foreach** $\mathcal{G}$ 中窗口大小为 w 的时间窗口 G **do**

2     $S \leftarrow DualSim(Q, G)$ //调用 [1] 中的双仿真算法

3   **if** $S = \varnothing$ **then**

4   **continue**

5   从 S 中创建边匹配关系 S_e 以及匹配图 G_m

6   **while** 发生变化 **do**

7   //移除违反时间约束条件的匹配边

8   **foreach** G_m 中的连通分量 C_m **do**

9   //令 $\mathcal{T}$ 为 Q 的时间图

10   **foreach** $\mathcal{T}$ 中按拓扑排序的顶点 v **do**

11          $e_q \leftarrow Q$ 中与 v 相对应的边

12          $E_m \leftarrow C_m$ 中与 e_q 相匹配的边集合

13          $ts(v) \leftarrow \min_{e \in E_m \&\& ts(e) > ts(u), \forall u \in pre(v)} ts(e)$

14   对于 $e \in E_m, ts(e) < ts(v)$, 将 (e_q, e) 从 S_e 中移除

15   **foreach** $\mathcal{T}$ 中按拓扑排序逆序排列的顶点 v **do**

16          $e_q \leftarrow Q$ 中与 v 相对应的边

17          $E_m \leftarrow C_m$ 中与 e_q 相匹配的边集合

18          $ts(v) \leftarrow \max_{e \in E_m \&\& ts(e) < ts(u), \forall u \in post(v)} ts(e)$

19   对于 $e \in E_m, ts(e) > ts(v)$, 将 (e_q, e) 从 S_e 中移除

20   //检查是否保持度

21   **foreach** G_m 中的连通分量 C_m **do**

22   **foreach** Q 中顶点 u **do**

23   **foreach** 顶点 $v \in sim(u) \cap C_m$ **do**

24   **if** Q 中与 u 相关联的每条边与 C_m 中与 v 相关联的每条不一样的边相对应 **then**

25   **continue**

26   **else**

27            $sim(u) \leftarrow sim(u) - v$

28   更新 S_e 和 G_m

29   如果非空返回 G_m 和 S_e

的时间戳分别为 $\{30, 40, 90\}$，$\underline{CA}$ 与时间戳为 $\{2, 45, 100\}$ 的 3 条边相匹配，$\underline{DC}$ 与时间戳为 $\{50, 95\}$ 的两条边相匹配。为便于说明，忽略其他顶点。在算法第 10—14 行，$ts(\underline{AB}) = 30$，由于 $\underline{CA}$ 的时间戳比其前趋 $\underline{AB}$ 大，因此 $ts(\underline{CA}) = 45$，于是边 $\underline{CA}$ 的时间戳为 2 的匹配边从 S_e 中被移除。$ts(\underline{DC}) = 50$，算法第 15—19 行以顶点拓扑排序的逆序运行，$ts(\underline{DC}) = 95$ 并且 $ts(\underline{CA}) = 45$，因此 $\underline{CA}$ 时间戳为 100 的匹配边从 S_e 中被移除。最终，$ts(\underline{AB}) = 40$，$\underline{AB}$ 的时间戳为 90 的匹配边从 S_e 中被移除。

算法第 20—28 行确保了度的保持性。第 23 行的 $sim(u)$ 代表了基于匹配关系 S（第 2 行）的匹配图中与 Q 中 u 相匹配的顶点集合。最后，如果匹配集非空，第 29 行返回匹配图以及边匹配关系。

定理 4.1 算法 DDST 能够正确找到包含所有匹配实例的匹配图及其匹配关系。

证明 算法首先找到基于如 [1] 中证明的双仿真所返回的顶点匹配关系 S。基于严格部分顺序关系定义 [3]（传递性和非自反性），时间图应该是一个有向无环图（DAG）。因此，算法第 10 行和第 15 行的拓扑排序是有效的。如上所述，算法第 10—14 行（15—19 行）将时间戳太小（太大）的匹配边移除，第 21—28 行移除没有保持度的匹配点。这一过程需要重复进行（第 5—28 行的循环），因为没能保持度的点移除，边的移除可能导致更多的移除。最终，返回的匹配图能够满足定义 4.2 中的所有约束条件，并且算法没有错过任何匹配。

如 [1] 所示，双仿真算法的时间复杂度为 $O((|V_q| + |E_q|)(|V| + |E|))$。由于 Q 是连通的，只考虑顶点是窗口中一条边的一个端点的情况，所以化简为 $O(|E_q| \cdot |E_w|)$，其中 $|E_w|$ 是窗口中边的数量。算法第 5 行构建 S_e 和 G_m 所占用的时间也不超过 $O(|E_q| \cdot |E_w|)$。算法第 6—28 行循环的最差时间复杂度为 $O(|S_e|^2)$，其中 S_e 是双仿真后的边匹配关系，这是因为每一次循环（除去最后一次）至少删除 $|S_e|$ 中的一个条目，而每一次循环的时间复杂度为 $O(|S_e|)$。因此，DDST 算法的总体时间复杂度为每窗口（即数据流中的每个数据项）$O(|E_q| \cdot |E_w| + |S_e|^2)$。

4.2.2 数字签名理论算法

本节介绍一种更加高效的算法。基于数论的签名算法的主要思想是将查询图 Q 的结构信息编码在一个简单的签名 σ 中。简单来说，σ 是一些要素的乘积，每个要素包含 Q 中点、边或顶点度的信息。给出查询图 Q，σ 可以在线下提前计算。

当 $\mathcal{G}$ 中的边实时到达时，可以用同样的方式为当前 $\mathcal{G}$ 计算一个签名 s。作为结果，如果 Q 在 $\mathcal{G}$ 中有一个匹配，则 σ 应该能够被 s 整除（即 σ 中包含的所有要素也都包含在 s 中），则将其称为签名匹配。关键点在于签名计算以及整除测试运算效率很高，因此，算法可以通过将签名测试作为一个过滤器以节省计算时间。

　　算法有一些细节的地方需要注意，例如：（1）算法使用什么作为要素？（2）由于图很大，签名 σ 或者 s 可能是非常大的数，这将导致模运算及乘法运算变得很慢。对于问题（1），算法有两种类型的要素：边要素和顶点度要素。由于一条边的匹配要求边及两个端点的标签匹配，一个边要素要对这 3 个标签进行编码。而顶点度要素是为保持度的要求而设计的。例如，一个入度为 5、出度为 3 的顶点 v 将产生 8 个顶点度要素：$r+1, r+2, ..., r+5, r-1, r-2, r-3$，其中 r 是分配给 v 的标签的一个随机值。随着图数据流 $\mathcal{G}$ 中每一条边的进入，v 的入度和出度将加 1。因此如果 v 的入度（或出度）变为 i 时，乘以要素 $r+i$（或者 $r-i$）到最终乘积（即签名 s）中。用这种方法，只有当 $\mathcal{G}$ 中 v 的度至少和 Q 中顶点 u 的度一样大时，s 才能够整除 σ（即出现一个签名匹配）。

　　对于问题（2），首先让每个要素都在一个有限的范围 $GF(p)$ 内（通过模一个质数 p 实现）[12]，如本节随后将证明的，能够确保一个较低的冲突概率。其次，将 Q 的签名 σ（可能很大）分解成一些较小的值 $\sigma[0], ..., \sigma[c]$（都是整数），使得 $\mathcal{G}$ 的签名 s 能够整除 σ 意味着 s 能够整除每一个 $\sigma[i]$。对于这一目标，算法不需要在线维护一个较大的 s 值，而只需要维护 s 分解后的值 $s[0], ..., s[c]$，并且测试 $s[i]$ 是否能够整除 $\sigma[i]$。需要注意的是，当签名匹配时，仍然可能出现 Q 在 $\mathcal{G}$ 中并没有一个真实的匹配，因此需要验证这是否是一个真实的匹配。

　　DDST-Signature 算法被分为离线部分和在线部分，如算法 4.2 所示。离线部分对查询图 Q 进行预处理，并计算出数字签名 $\sigma[0], ..., \sigma[c]$；在线部分对每一条进入的边进行处理，并查看是否有与 Q 中签名相匹配的签名。

　　离线算法首先将 $[0, p)$ 中的一个随机整数分配给每一个不同的边和顶点的标签值（算法 1、2 行）。本章将在第 4.2 节的末尾讨论对于 p 的选择。概括地说，p 值在一个大的范围（从 97 到 997）都有很好的表现。离线算法对 Q 的每条边进行遍历并计算边要素（算法第 5 行），如果当前的签名值在某一个整数范围内，则新的要素在其基础上相乘；否则启用一个新的整数签名（算法第 6—9 行）。类似地，算法遍历每一个顶点并计算顶点度要素（算法第 10—14 行）。为了便于阐述，暂时忽略第 12 行和第 14 行中对于 $\sigma[c]$ 是否超出一个整数并且如果超出则启用一个新整数签名的检测（与算法第 6—9 行相同）。离线算法产生了签名值 $\sigma[0], ..., \sigma[c]$。注意到实际的签名值是一个非常大的数 $\prod\limits_{i=0}^{c} \sigma[i]$（表示为 $\hat{\sigma}$），为了提高算数运算的效率，可将其分解为 $\sigma[0], ..., \sigma[c]$。

算法 4.2: DDST-SIGNATURE $(\mathcal{G}, Q, w)$

Input: $\mathcal{G}$: 图数据流，Q: 查询图，w: 窗口大小

Output: $\mathcal{G}$ 中 Q 的匹配图

/* 离线部分：计算 Q 的签名并将其存储在 $\sigma[\cdot]$ 中 */

1 **foreach** 出现在 Q 中的顶点和边标签值 l **do**

2      $r[l] \leftarrow rand(0, p)$ //指定 $[0, p)$ 中的一个随机值

3 $c \leftarrow 0; \sigma[c] \leftarrow 1$ //开始计算 Q 的签名 $\sigma[\cdot]$

4 **foreach** Q 中的边 $e_q = (u, v)$ **do**

                                         /* 将所有边要素相乘 */

5      $\sigma_e \leftarrow (r[L_q(u)] - r[L_q(v)] + r[L_q(e_q)]) \bmod p$

6   **if** $\sigma[c] * \sigma_e$ 在某整数范围内 **then**

7          $\sigma[c] \leftarrow \sigma[c] * \sigma_e$

8   **else**

9          $c \leftarrow c + 1; \sigma[c] \leftarrow \sigma_e$ //开始一个新的整数

10 **foreach** Q 中的顶点 v **do**

                                         /* 将所有顶点度要素相乘 */

11   **foreach** $i \leftarrow 1$ 到 $in\_degree(v)$ **do**

12          $\sigma[c] \leftarrow \sigma[c] * [(r[L_q(v)] + i) \bmod p]$

13   **foreach** $i \leftarrow 1$ 到 $out\_degree(v)$ **do**

14          $\sigma[c] \leftarrow \sigma[c] * [(r[L_q(v)] - i) \bmod p]$

/* 在线部分：随着每条边的进入，计算 $\mathcal{G}$ 的签名模 $\sigma[\cdot]$ */

1 **foreach** $i \leftarrow 0$ 到 c **do**

2      $s[i] \leftarrow 1$ //$s[\cdot]$ 是 $\mathcal{G}$ 的签名

3 **foreach** $\mathcal{G}$ 中的新边 $e = (u, v)$ **do**

4      $\sigma_e \leftarrow (r[L(u)] - r[L(v)] + r[L(e)]) \bmod p$ //边要素

5      $\sigma_u \leftarrow (r[L(u)] - outNum(u, e)) \bmod p$ //顶点度要素

6      $\sigma_v \leftarrow (r[L(v)] + inNum(v, e)) \bmod p$

7   **foreach** $i \leftarrow 0$ 到 c **do**

8          $s[i] \leftarrow (s[i] * \sigma_e * \sigma_u * \sigma_v) \bmod \sigma[i]$ //因此 $s[i] \leqslant \sigma[i]$

9   **if** $s[0...c] = 0$ **then**

                                         /* 所有 $s[i] = 0$，出现签名匹配 */

10   为上一窗口运行 DDST

11   从上一匹配点或上一窗口重新计算 $s[0...c]$

在线算法试图在数据流中增量收集边要素和顶点度要素。随着一条新边的到达，算法在第 4—6 行计算这两种要素。令 S 为算法第 3—6 行计算的 $\mathcal{G}$ 中所有要素的乘积（这是一个非常大的数）。如果有一个 Q 的匹配，则 Q 的签名 $\hat{\sigma}$（之前已计算出）应该能够被 S 整除。但是由于 $\hat{\sigma}$ 和 S 都是非常大的数（可能有几千位）而其上的算术运算非常慢，因此将 S 分解为 $c+1$ 个部分：$s[0],...,s[c]$，其中 $s[i] = S \bmod \sigma[i]$（算法第 8 行）。如果 $\hat{\sigma}$ 是 S 的一个除数，则所有的 $s[i]$ 都为 0。因此，如果所有的 $s[i]$ 都为 0，则出现一个签名匹配（算法第 9 行），这时则需要运行较慢的基本算法 DDST，但只需要对最近的窗口运行这一算法（算法第 10 行）。

注意到算法只需要处理进入的边，而无需处理离开当前窗口的边，因为通常情况下在模（mod）$\sigma[i]$ 后再进行除法就无效了。当确实找到一个签名匹配时（第 9 行），只提取最后一个窗口中的边，并且验证是否真的有一个匹配。不管是否出现匹配，都需要在第 11 行中恢复对签名的计算。令最后一个窗口中的边为 $e_1,...,e_w$ 并以时间排序。如果出现一个真实匹配，在验证过程中，算法找到了在最后一个窗口中对最终匹配图有贡献的出现最早的边，令其为 e_i，则从 e_{i+1} 开始重新计算签名。如果没有一个真实的匹配，则从 e_2 开始重新计算签名。如基本算法中所示，所有的匹配实例都会被找到（定理 4.3 中证明）。

例 4.3 假设图 4.3（a）是查询图 Q，图 4.3（b）是图数据流 $\mathcal{G}$，图中顶点处的每个数字代表一个顶点标签，每个带下划线的数字是一个边标签。图 4.3（c）显示了当 $p = 17$ 时，为每一顶点和边标签 L 选择的随机值 r。首先来看计算 Q 签名的离线算法。这一算法对每条边进行遍历并得到：$((9-3+16) \bmod 17) * ((6-9+16) \bmod 17) * ((9-14+7) \bmod 17) = 130$。注意到对三个要素中的每一个都进行了模 17 的运算并得到最终乘积 130。之后计算顶点度要素 $(9+1)(9-1)(9-2) = 560$。最后，由于结果属于某整数范围，签名只有一个值 $\sigma[0] = 130 \times 560 = 72\,800$。假设 $\mathcal{G}$ 中边的到来顺序为：$(0,2)$，$(3,2)$，标签为 2 的 $(3,0)$，标签为 1 的 $(3,0)$ 以及 $(0,1)$。当 $(0,2)$ 到来时，在线算法计算出 $s[0] = (9-14+7)(9-1)(14+1) = 240$（模 72 800）。这一过程对于每一进入的边重复进行。在之后 4 条边进入后，$s[0]$ 分别变为 16 000、12 000、52 000 以及 0，出现了一个签名匹配（注意这里 $c = 0$）。算法第 10 行将验证这是否是 Q 的一个真实匹配。

接下来证明签名的效果。

定理 4.2 有如下结论：（1）如果两条边至少有一个端点标签不同或边标签不同，则这两条边有相同边要素的概率是 $1/p$；（2）顶点度要素与边要素相同的概率是 $1/p$；（3）两个标签不同的顶点产生两个相同顶点度要素的概率是 $1/p$。

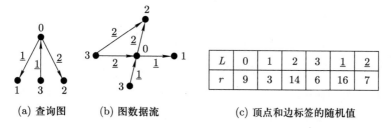

图 4.3　数字签名算法中的查询图、图数据流以及每个顶点和边标签 L 的随机值 r，其中 $0 \sim 3$ 是顶点标签，$\underline{1}$ 和 $\underline{2}$ 是边标签

证明　对于一条边 $e_1 = (u_1, v_1)$，其边要素是 $f_1 = r(u_1) - r(v_1) + r(e_1)$，其中 $r(\cdot)$ 代表从 $[0, p-1]$ 选择的代表顶点或边的随机值。类似地，对于 $e_2 = (u_2, v_2)$，$f_2 = r(u_2) - r(v_2) + r(e_2)$。由于等可能随机选择自 $[0, p-1]$ 的两个独立值的和或差（模 p）也是等可能随机选择自 $[0, p-1]$ 的一个值，因此有 $Pr[f_1 = f_2|$ 一个标签不等 $] = 1/p$，证明了（1）。

在（2）中，对于一个入度 d_i（出度类似），一个顶点度要素为 $f_1 = r(u_1) + i(1 \leqslant i \leqslant d_i)$，一个边要素为 $f_2 = r(u_2) - r(v_2) + r(e_2)$。因此，由证明（1）相同的原因，并且一个随机值加或减一个常数（模 p）也是一个等可能随机值，（2）为真。（3）也因相同的原因为真。

在定理 4.2 的基础上，对于两个标签相同但入度（或出度）不同的顶点，有更大入度（或出度）的顶点将拥有更多的顶点度要素。

定理 4.3　算法 DDST-Signature 是正确的：每当在最近窗口中出现符合 DDST 定义的查询图的匹配图，在线算法第 9 行的条件都为真，将只为最近的窗口运行 DDST 基本算法，返回所有的匹配实例。

证明　离线算法为 Q 中每条边产生一个边要素，并且为 Q 中 d_i 个入度以及 d_o 个出度产生 $d_i + d_o$ 个顶点度要素，这些要素的乘积被分解为 $c+1$ 个整数 $\sigma[0], ..., \sigma[c]$。随着每条边的进入，在线算法以类似的方法计算边要素以及顶点度要素的乘积。注意到当 $\mathcal{G}$ 中某一顶点的入度和出度都至少与 Q 中匹配顶点的入度和出度一样大时，所有的顶点度要素都会被计算。$\mathcal{G}$ 中的这些要素的乘积通过模运算被分解为 $c+1$ 个值 $s[0], ..., s[c]$（通过分别模 $\sigma[0], ..., \sigma[c]$）。因此，当 Q 中所有要素都出现时，$s[0], ..., s[c]$ 应该都为 0（算法第 9 行），而当一个符合 DDST 语义的真匹配实例发生时，就会出现这种情况。

如上所述，将 $\mathcal{G}$ 中可能非常大的要素乘积值通过模运算分解为 $c+1$ 个整数值 $s[0], ..., s[c]$ 的显著优势就是效率。接下来研究在线算法的效率，特别是参数 p 和

签名值数量 $c+1$ 之间的联系。

定理 4.4 整数签名值的数量满足：$c+1 \leqslant \dfrac{3\log_2 p}{size - \log_2 p}|E_q|$，其中 $|E_q|$ 是查询图中边的数量，$size$ 是一个整数的位数（或支持高效算术运算的机器字大小）。

证明 离线算法中，$|E_q|$ 条边中的每条边都产生一个要素，每个顶点产生和其度数相同数量的要素。由于所有顶点的度数总和是 $2|E_q|$，从 Q 中共产生 $3|E_q|$ 个要素，每个要素都是 $[0, p-1]$ 中的一个随机值。因此有

$$p^{3|E_q|} \geqslant \prod_{i=0}^{c} \sigma[i] \tag{4.1}$$

并且，如果再乘以一个额外的要素，$\sigma[i]$ 中的每一个值都将超出一个整型/字允许的大小（离线算法第 6—9 行）。因此有

$$\sigma[i] \geqslant \frac{2^{size}}{p} \tag{4.2}$$

联合 (4.1) 和 (4.2) 得到 $p^{3|E_q|} \geqslant \left(\dfrac{2^{size}}{p}\right)^{c+1}$，不等式两边取对数即得到定理 4.4 中的结果。

从定理 4.4 可以得出，在线算法除去第 9 行当出现签名匹配时，需要调用较慢的基本算法进行验证，主要部分的时间复杂度是 $O(E_q)$。通常情况下实践中的一个查询图不会特别大，而字大小为 32 位或更大，因此签名数量 $c+1$ 的值一般较小。定理 4.2 证明了一个更大的 p 值能够使要素冲突更少（因此签名过滤会更有效），但同时也会使得 $c+1$ 更大。本章第 4.4 节实验部分说明一个大范围的 p 值（$97 \sim 997$）都能够有很好的性能。

4.3 着 色 算 法

本节为 DDST 匹配问题展示一个不一样的高效算法。算法通过将图数据流中的边着色为黑色或红色来进行。算法基本思想是，当一条进入的边 e 与 Q 中某些边相匹配时，将其着色为黑色；如果边 e 不止与 Q 中的某条边 e_q 相匹配，并且 Q 中 e_q 的所有邻边都在 G 中有与 e 相邻的匹配，则进一步将 e 着色为红色。通过这种方式，当有一个包含 Q 中所有边的红色连通分量出现时，算法验证是否找到一个匹配。简单来说，由于红边的出现需要这条边的所有邻居也是匹配边，红边的出现并不容易。因此，除了真实匹配，由于偶然性出现的红边应非常少见。并且，由于一条新边 e 的影响是局部的，因此着色是递增的。也就是，只需要检查是否需

要对 e 或者它的任意邻居进行着色，而距离较远的边不被影响，这能够降低计算成本。

那么什么时候需要验证一个红色的连通分量是否是一个真正的匹配实例呢？当红色连通分量足够大，并且至少包含 Q 中每条边的至少一个匹配时，再去进行验证。因此，算法使用一个 $countMap$ 的数据结构来维护红色连通分量的一些简单统计数据。一个 $countMap$ 为 Q 中的每一条边 e_q 维护一个计数器，记录红色连通分量中与 e_q 相匹配的边的数量，计数器随着边的到来和离去被更新。当 $|E_q|$ 个计数器的值都大于 0 时，再来验证这一红色连通分量是否包含一个真实匹配。

最后一个要点是算法需要高效地对每一个红色连通分量及其 $countMap$ 进行维护。当两个红色连通分量的边被连起来时，它们可能会合并成一个。在这种情况下，这两个红色连通分量的 $countMap$ 也需要合并。那么应该将 $countMap$ 置于红色连通分量的何处，使得当数据流中的边进入时，操作更加高效呢？解决方法是在每个红色连通分量中选择一个主导边，在这一主导边中存储 $countMap$。所有其他的边都有一个边指针，这一边指针可能没有直接指向主导边，而是通过一条边链，最终指向主导边。当然如果边链很长的话耗费代价会较大。小技巧是，当需要通过一条链来找到主导边时，则将这条链中所有的边指针都直接指向主导边。本节将证明对于每条进入边的平摊时间成本是 $O(1)$。

接下来介绍边的着色算法，算法 4.3 Color-Edge。

算法 4.3 第 5 行当新边与 Q 中至少一条边匹配时，将其着色为黑色；然后对于这一新边所匹配的每条边，如果其邻边也被匹配（第 7 行），则将这一新边着色为红色。算法需要同时对红色连通分量以及相应的 $countMap$ 进行维护。共有 3 种情况：（1）这一新的红色边开始了它自身的新的红色连通分量（即没有相邻的红色边）；（2）这条边只有一个端点与红边相连，或者新红边的两个端点都与红边相连，但属于一个红色连通分量，在这种情况下，只需要将新红边加入这一红色连通分量；（3）新红边的两个端点都与红边相连，但属于两个不同的红色连通分量，则需要合并这两个红色连通分量。算法第 8—11 行通过跟随红边链，直到找到 $countMap$ 所在的主导边。算法第 12 行对应第（3）种情况，在算法第 13—15 行选取之前两个主导边中的任意一个作为新的主导边，并且让其他通过的边直接指向这一新的主导边。算法第 16 行对应第（2）种情况，算法第 18 行对应第（1）种情况。在第 21 行，边 e 的匹配集是 Q 中 e 所匹配的边的集合，这一匹配集将在算法 Verify-Match 中用到。最后，检查 G 中 e 的邻边，看它们是否能从黑色升级为红色（第 22—24 行）。

当一条边 e 从当前窗口离开时，处理过程类似但更简单，只需要检查与 e 相邻的红色边，看它的匹配集是否由于 e 的离开而有所减少（算法第 21 行的

算法 4.3: COLOR-EDGE $(\mathcal{G}, Q, w)$

Input: $\mathcal{G}$: 图数据流，Q: 查询图，w: 窗口大小
Output: 无

1 **while** $\mathcal{G}$ 中一条边 $e = (u, v)$ 到来 **do**
2      $M_e \leftarrow e$ 所匹配（对于 u, v, e 的标签）的 Q 中所有边的集合
3   **if** $M_e = \varnothing$ **then**
4   **continue** $//e$ 不与任何边匹配，不做任何动作
5   将 e 着色为黑色
6   **foreach** $e_q = (s, t) \in M_e$ **do**
                                           /* 对于 e 所匹配的每条边 */
7   **if** Q 中与 s 或 t 相关联的所有边在 $\mathcal{G}$ 中都有一个匹配 **then**
                         /* 将 e 着色为红色，并且为 $countMap$ 寻找主导边 */
8   **if** u 有一条与其相关联的红色边 **then**
                                          /* 找到主导边 */
9               $E_u \leftarrow$ 链接到主导边 e_u 的边集
10   **if** v 有一条与其相关联的红色边 **then**
                                          /* 找到主导边 */
11              $E_v \leftarrow$ 链接到主导边 e_v 的边集
12   **if** e_u 和 e_v 都存在并且不同 **then**
                                          /* 合并 */
13   选择两者中的任意一个作为新的主导边
14   为新的主导边合并 e_u 和 e_v 的 $countMap$
15   更新所有 $e \in E_u \cup E_v$ 的边，使其指向新的主导边
16   **if** e_u 和 e_v 只有一个存在或二者相同 **then**
17   更新其链中的所有边，使这些边都直接指向这一主导边
18   **if** e_u 和 e_v 都不存在 **then**
                                     /* 开始一个新的分量 */
19   将 e 作为 $countMap$ 为空的主导边
20   将 e_q 加入主导边的 $countMap$
21   将 e 着色为红色并且将 e_q 加入匹配集中
22   **foreach** 与 e 相邻的黑色边 e_b **do**
                                          /* 检查邻居 */
23   **if** 由于 e 的加入，e_b 升级为红色边 **then**
24   为 e_b 运行算法第 7—21 行

反向操作）。如果任何红边发生变化，则追踪红色边链找到它的主导边并对相应的 *countMap* 进行更新。如果 *e* 本身是一条红色边，由于它可能仍属于找到主导边中的链的一部分，因此只在逻辑上将其标记为删除。为便于阐述，在算法 COLOR-EDGE 中忽略边离开的部分。

例 4.4 以图 4.4 为例，图 4.4（a）是需要被匹配的查询图 *Q*，图 4.4（b）—图 4.4（d）表示图数据流 *G* 的 3 个快照，顶点处的字母表示顶点标签，边的带下划线的数字表示边标签，括号里的数字表示边到达的时间戳，本例也将其作为边标识符使用。例如，图 4.4（b）显示了边 3（两个端点为 *A*，*C*，边标签为 2）在时间为 3 时到达。图 4.4（b）显示了时间为 5 时，图数据流的一个快照。由于边 1，3，4 与 *Q* 中的边相匹配，它们被着色为黑色。边 2 和 5 不与任何边相匹配，因而没有被着色（虚线表示）。图 4.4（c）表示了边 6、7、8 到达后的情况。现在有两条黑边以及四条红边（红边以粗线表示）。当一条黑边两个端点处的所有在 *Q* 中的相邻边都被匹配（黑色或红色）时，这条黑边被升级为红色。例如，图 4.4（c）中的边 4（*AD*）被着色为红色是因为 *AD* 在 *Q* 中的邻居——*AE*（出边）以及 *AA*（入边）都在图 4.4（c）中被匹配。这时有两个红色连通分量，其中每一个都有一个主导边（假设为边 8 和 1），主导边中包含说明其中的两条边（边 4、8 以及 1、3）的 *countMap*。最终，在图 4.4（d），边 9 到达，这条边被着色为红色并连接起两个红色连通分量。COLOR-EDGE 算法的第 12—15 行选择边 8 或 1 中的任意一个作为新的合并后红色连通分量的主导边，并使其他所有边指向新的主导边。目前 *countMap* 包含了 *Q* 中的所有边。

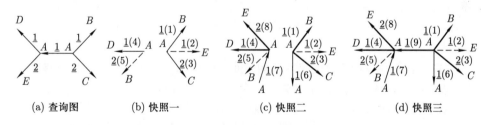

(a) 查询图　　　　(b) 快照一　　　　(c) 快照二　　　　(d) 快照三

图 4.4　对 COLOR-EDGE 算法的说明

像之前所讨论的，当一个红色连通分量的 *countMap* 包含了 *Q* 中的所有边时，再去验证这是否是一个真实的匹配，主要思想在于任意红边的所有邻边也应该全部都是红边。换句话说，*Q* 应该只被红边所匹配。

接下来介绍算法 4.4：VERIFY-MATCH。

在算法 4.4 第 2 行，与 DDST 基本算法相同，检查部分时间排序约束条件。

算法 4.4: VERIFY-MATCH $(\mathcal{C}, Q)$

Input: $\mathcal{C}$：红色连通分量，Q：查询图

Output: $\mathcal{C}$ 中 Q 的匹配图

1 **while** 存在变化 **do**
2   运行 DDST 算法 9—19 行时间约束条件边过滤
3   **while** 存在变化 **do**
4   **foreach** $\mathcal{C}$ 中红边匹配集中的边 e_q **do**
5           $E_a \leftarrow Q$ 中 e_q 的所有邻边集
6   **if** E_a 没有与 $\mathcal{C}$ 中所有不同红边相匹配 **then**
7   从这一匹配集中去除 e_q

8 **if** 红边的所有匹配集都为空 **then**
9   **return** $\varnothing$

10 **return** $\mathcal{C}$ 中匹配集不为空的所有边形成的子图

之后在第 3—7 行，检查红色边的邻居是否都是红色边。这一检查递归地从任何红边开始，如果某些红边没有通过检查，则将其从匹配集中删除，然后回到可能从其他红边移除的路径，直到不再出现变化为止。算法重复这一过程直到不再出现变化。因此，内层 while 循环的时间复杂度为 $O(\mathcal{C})$，其中 $\mathcal{C}$ 是红色连通分量中红边匹配集的总大小，而算法 VERIFY-MATCH 总的时间复杂度为 $O(\mathcal{C})$，这是因为每一次外层循环（除去最后一次）至少从匹配集中移除一个元素。本节所述的着色算法中这一验证算法极少被调用，较为耗时的操作是 COLOR-EDGE 算法，本节稍后分析其时间复杂度。

当 VERIFY-MATCH 算法第 6 行的条件为真时，Q 中至少有一条边 e_q 使其在 $\mathcal{G}$ 中没有匹配导致一条红边的缺失，则在与 *countMap* 存储位置相同的 *needMap* 中将 e_q 对应位置为 1。因此，当 VERIFY-MATCH 未能找到一个真实匹配，只有当 *needMap* 中置为 1 的边出现一个新的匹配时，才需要重新运行 VERIFY-MATCH。接下来证明其正确性。

定理 4.5 根据 DDST 语义，着色算法恰好找到所有匹配实例。

证明 证明一个情景 C：即 COLOR-EDGE 找到所有红色边相连的分量，其中每个分量都有一个唯一的保存有 *countMap* 的主导边，并且分量中所有其他红色边都有一个指针可以穿过一条红色边链到主导边。并且，*countMap* 正确维护了 Q 中每条边匹配边的数量。

情景 C 可以通过归纳法来证明。对于一个红色连通分量中的第一条红边，COLOR-EDGE 算法第 18—20 行被执行，此时拥有一个新的只有一条边的红色连通分量，并且这条边也是其主导边；情景 C 在初始时是正确的。在这之后，每当一条新的红边 e 出现（未起始一个新的红色连通分量），存在以下几种可能性：① e 的两个端点都有处在单一红色连通分量的红边；② e 的两个端点所相邻的红边处在多于一个连通分量中；③ e 只有一个端点有红边。对于情况①和③，由归纳假设，情景 C 对于这一连通分量成立，而算法第 16 行、17 行、20 行及 21 行将 e 加入这一连通分量并使情景 C 保持成立。对于情况②，由于与 e 的某一端点相关联的所有红边都通过这一端点相连，因此由归纳假设，这些红边应属于相同的红色连通分量。因此，在情况②中，应恰好有两个红色连通分量，算法第 12—15 行、20 行、21 行选取一个主导边，合并两个连通分量，并将 e 加入，情景 C 仍然成立。因此，情景 C 被证明。

当一条新边 e 到达时，新的红色边只可能出现在 e 或其邻居中。因此，红边被正确维护。最后，由 VERIFY-MATCH 的结果，可以创建一个符合 DDST 定义的顶点匹配关系 S，只需要将基于匹配集的剩余每条红边的两个端点加入 S 即可。在算法中已检查过，这种匹配关系元组满足 DDST 的所有条件。由于 Q 是连通的，最终 Q 中的所有顶点都会在 S 中。

对于每一条新进入的边，算法只对这条边或它的邻居着色；唯一可能较为耗时的操作是追溯一条长链（最差可能窗口大小）来找到主导边。接下来使用平摊分析 [2] 证明这仍然是一个常数耗费，见定理 4.6。

定理 4.6 假设 $\mathcal{G}$ 中的一个顶点在一个时间窗口内的度不超过一个常数，并且 $\mathcal{G}$ 中的一条边与 Q 中不超过常数条边相匹配，则 COLOR-EDGE 的平摊时间复杂度对于每条到来的边为 $O(1)$。

证明 容易看出只需要证明对于每一条进入的边，通过一条边链找到主导边的平摊时间成本是 $O(1)$。下面使用平摊分析中的势能方法 [2] 证明，对于 n 条进入的边，假设进入链中一条边的花费为 $O(1)$，则总的通过边链来找到主导边的花费为 $O(n)$，因此处理每条进入边的平摊成本为 $O(1)$。

定义势能函数 $\Phi(D_i)$ 为系统中每一条红边和各自主导边距离的总和，其中 D_i 表示在第 i 条进入边之后数据结构的总体状态。"距离"表示到达主导边需要经过的中间边的数量。因此

$$\Phi(D_0) = 0, \ \text{且} \ \Phi(D_n) - \Phi(D_0) \geqslant 0$$

令第 i 条进入边的实际花费为 c_i，并且平摊成本为

$$\hat{c}_l = c_i + \Phi(D_i) - \Phi(D_{i-1})$$

有

$$\sum_{i=1}^{n} \hat{c}_l = \sum_{i=1}^{n} (c_i + \Phi(D_i) - \Phi(D_{i-1})) = \sum_{i=1}^{n} c_i + \Phi(D_n) - \Phi(D_0) \geqslant \sum_{i=1}^{n} c_i$$

因此，为了得到总的实际花费 $\sum_{i=1}^{n} c_i$ 的上界，只需要得到 $\sum_{i=1}^{n} \hat{c}_l$ 的上界。

共有 3 种情况：① 新的红边 e 开始了一个新的连通分量；② e 只有一边有红边；③ e 的两边都有红边。在第①种情况中，当新红边自身是主导边时，实际花费为 1，因此对于势能函数没有任何改变。在第②种情况中，可以通过一条长度为 α 的链来找到最后的主导边，因此，$c_i = \alpha$。由于在这一操作之后，所有的 α 条边都直接指向主导边，因此有 $\Phi(D_i) = \alpha$。而对于边链来说，$\Phi(D_{i-1}) = 1 + 2 + ... + (\alpha - 1) = \dfrac{\alpha(\alpha - 1)}{2}$。情况③与②类似，但此时有另一条长度为 β 的链。在第③种情况中的 "$\leqslant$" 是因为第③种情况联合了两种子状况（两个链是否指向同一主导边）而证明使用上界。由于 $\alpha \geqslant 1$，$\beta \geqslant 1$，有 $\dfrac{\alpha(5 - \alpha)}{2} \leqslant 3$，$\dfrac{\alpha(5 - \alpha)}{2} + \dfrac{\beta(5 - \beta)}{2} \leqslant 6$。因此，$\hat{c}_l \leqslant 6$ 并且 $\sum_{i=1}^{n} c_i \leqslant \sum_{i=1}^{n} \hat{c}_l \leqslant 6n$，对于每条进入边的平摊成本是 $O(1)$，与定理 4.6 中的论证类似，容易证明对于从当前窗口离开的每条边的处理平摊时间成本也是 $O(1)$。新进入边的花费见表 4.1。

表 **4.1** 新进入边的花费

	实际花费 c_l	$\Phi(D_i) - \Phi(D_{i-1})$	平摊花费 $\hat{c}_l$
开始一个新连通分量	1	0	1
只有一边有红边	α	$\alpha - \dfrac{\alpha(\alpha - 1)}{2}$	$\dfrac{\alpha(5 - \alpha)}{2}$
两边都有红边	$\alpha + \beta$	$\leqslant \alpha + \beta - \dfrac{\alpha(\alpha - 1)}{2} - \dfrac{\beta(\beta - 1)}{2}$	$\leqslant \dfrac{\alpha(5 - \alpha)}{2} + \dfrac{\beta(5 - \beta)}{2}$

4.4 实 验 研 究

4.4.1 实验数据及实验设置

实验使用如下真实数据集：

道路网络数据集：香港实时道路网络交通图 [13]。这一图数据流以 XML 形式呈现，其中每段 XML 数据表示一个路段的一次监测情况，对应图数据流中的一条进入边。每条数据包括监测时间、道路两端顶点标识符、区域、道路类型、道路饱和度以及行驶速度。

电话网络数据集：MIT 现实挖掘数据集 [8]。这一现实挖掘项目于 2004—2005 年于 MIT 媒体实验室进行。研究追踪了 94 个实验对象，图数据流中的一条记录（即一条边）包含电话呼叫者标识符、电话应答者标识符、通话时间以及通话时长。

专利引用数据集：NEBR 美国专利引用数据 [14]。这一数据集包括了 1963 年 1 月—1999 年 12 月期间获得的近 300 万份美国专利的详细信息，以及 1975—1999 年期间超过 1 600 万次对这些专利的引用信息。图中的每一个顶点是一项专利，图数据流中的一条边数据项说明专利 A 引用了专利 B。一项专利包括多项信息，如授权日期以及第一发明者国籍等。

Twitter 数据集：实验使用由 twitter4j [15] 开发的 Twitter 数据流 API [16] 来获取实时 Twitter 数据流。实验使用 20 个最常用的单词 [17] 作为关键字来获取数据。图数据的顶点有两种标签，包括用户以及信息。当用户发送一条信息时，一条从用户到信息的边被创建；当用户/信息回复（转发）某用户/信息时同样会创建边。基于不同类型，这些边有不同的边标签。实验获取了两周的数据，数据大小约为 24 GB。

表 4.2 展示了数据集上的统计信息，包括最大出度、最大入度、边到达的平均间隔时间以及边数和节点数。实验使用 Java 语言实现本章提到的所有算法。在此基础上，实验实现了 [18] 中的 NNT 算法。所有的实验在处理器为英特尔酷睿 i7 2.50 GHz 以及内存为 8 GB 的计算机上进行。

表 4.2 数据集的统计信息

数据集	最大出度	最大入度	平均间隔/s	边数	节点数
道路网络	3 336	2 224	0.48	686 104	605
电话网络	1 725	1 661	180	52 050	6 809
专利引用	770	779	47.4	16 522 438	3 774 768
Twitter	308 636	10 997	0.006 7	495 544 069	34 664 679

4.4.2 实验结果

第一组实验测试基本算法、数字签名算法、着色算法以及 NNT 算法在不同窗口大小下的性能。图 4.5—图 4.8 显示了 4 个数据集上的实验结果，以吞吐量来衡量性能。吞吐量越高，系统越强壮，可扩展性越高。图 4.5 说明在一般情况下，数字签名理论算法和着色算法比基本算法快大约两个数量级。当窗口大小 w 增大到超过 10 min 时，基本算法的性能急剧下降。数字签名算法对窗口增长的敏感性要小得多，而着色算法几乎完全不敏感。当窗口大小 w 较小时，数字签名算法比着色算法稍快；当窗口大小 w 较大时，着色算法要比数字签名算法快 2 倍左右。NNT 算法与基本算法性能相近，甚至更慢。图 4.6 和图 4.7 显示了和图 4.5 类似的结果。为了验证算法中增量计算的影响，图 4.8 中的实验增加了签名算法和着色算法的修改版，来对每一窗口重新计算签名或着色。数字签名算法比重新计算签名的方法快大约 3 倍，着色算法比重新着色的算法快 10~20 倍。

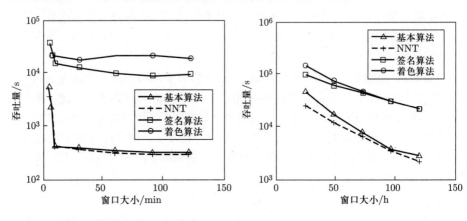

图 4.5　改变窗口大小 w（道路数据）　　　图 4.6　改变窗口大小 w（电话数据）

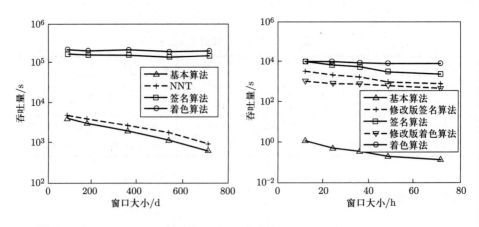

图 4.7　改变窗口大小 w（专利数据）　　图 4.8　改变窗口大小 w（Twitter 数据）

下一组实验研究当查询图扩展时算法的表现情况。首先测试增加顶点度的影响。图 4.9 显示了电话网络数据集中查询图最大顶点度在 8~16 间变化的结果。图 4.9 说明顶点度的增加只会使基本算法效率下降。查询图顶点度的增加有助于着色算法的性能提高。图 4.10 是专利引用网络中的实验结果，随着顶点度增加，数字签名算法和着色算法的性能轻微提高，基本算法性能轻微下降。接下来测试增加查询图中边数量的影响。图 4.11 说明数字签名和着色算法对边增长不敏感，基本算法的性能随边增长急剧下降。图 4.12 体现了相似的趋势。

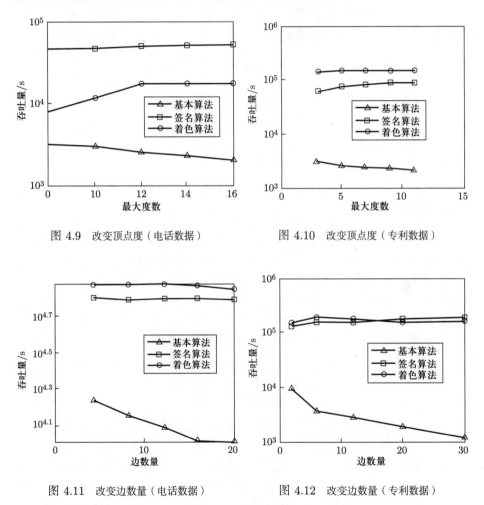

图 4.9　改变顶点度（电话数据）　　　　图 4.10　改变顶点度（专利数据）

图 4.11　改变边数量（电话数据）　　　　图 4.12　改变边数量（专利数据）

最后一组实验检查数字签名算法中参数 p 的影响。图 4.13 中，p 在 31~997 间变化。可以看出，当 p 增大到一定程度时，签名算法的性能基本保持不变。p 可取 97~997 之间的任意值。当 p 属于这一范围时，签名值数量的少量变化不会显著影响在线性能。当 p 太小时，虚假匹配的可能性提高，导致调用基本算法进行验证的次数及耗费提高。图 4.14 也显示了相似的结果。

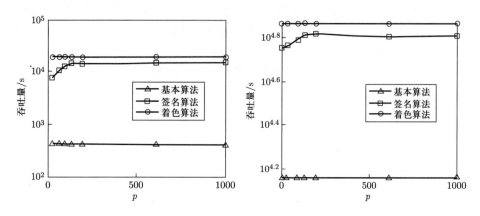

图 4.13 改变签名算法中的 p（道路数据）   图 4.14 改变签名算法中的 p（电话数据）

4.4.3 实验总结

本章提出的数字签名算法和着色算法比基本算法及 [18] 中的 NNT 过滤性能通常要好 2~4 个数量级。这两个算法对于每条进入边的处理成本很小。签名算法通常在过滤部分更快，但在验证部分更慢，因为它依赖基本算法进行验证。在大部分情况中，着色算法比签名算法更快。与基本算法不同，随着查询图的扩展，签名算法和着色算法的性能几乎不受查询图中顶点度和边数量的增长影响。签名算法中参数 p 的可选范围很大，对于算法性能并没有显著影响。

4.5 相 关 工 作

本节将介绍此领域的一些相关工作，并对这些工作与本章所讨论问题的区别与联系进行说明，感兴趣的读者可进一步扩展研究。

前期有基于静态图上子图模式匹配的工作，其中很多（如 [11, 19–23]）是基于子图同构的。[24] 对 5 个最新的子图同构算法进行了详细对比，由于子图同构是 NP 问题，也有一些基于近似匹配的研究，如 [10, 25–28]。最近的处理子图同构 NP 问题的一个方法是基于仿真的，这也是与本章所讨论的问题最接近的一种，包括 [1, 4–7]。其中，[6] 将图仿真 [5] 扩展至允许限制匹配模式中的跳点数，而 [7]

将正则表达式作为边约束。这些匹配算法的时间复杂度是 $O(n^3)$。除了效率这一原因，使用基于仿真的图匹配语义的重要原因是它比子图同构更灵活，能够找到更多有用的模型，而子图同构限制性太强。这一点已经在第 4.1 节中详细讨论。

[1] 发现 [6, 7] 中的仿真本身常常无法获取查询图的拓扑结构，导致错误匹配或一个太大的匹配关系。[1] 通过增加双重模拟和局部的约束来纠正这一问题。本章的查询匹配语义正是基于这一工作。在此基础上，增加保持度的约束条件是很有必要的（4.1 节）。

图数据流这一概念在前期工作中也有研究，其中大部分是理论上的（如 [29-31]），它们针对的是对多种统计信息的估算以及图数据流的功能。在这些工作中，一个图数据流被定义为一个边序列，本章也采用了同样的概念。子图匹配在另一种图数据流模型中也有所研究 [18]。[18] 的子图匹配是基于图数据流中每一个独立的快照（snapshot），这一工作将子图匹配所涉及的每一个快照作为一个静态图来对待。换句话说，这一工作不会随着时间的推移进行事件处理。[18] 需要快照是一个连通图，并基于 NP 难的子图同构问题。这一匹配语义太严格，而无法找到一些有用的匹配。

最后，在研究领域和工业界对于一般数据流的复杂事件处理也有一些研究，如 [32-34]。然而，在这些模式中并不存在图结构元素，因此无法解决许多现代应用问题。

4.6　本　章　小　结

本章研究了流数据中图模式匹配的问题。图数据流上的事件模式匹配问题对于很多应用都是一个重要的问题。本章阐明了这一问题，并提出了相应的基本算法、基于数字签名理论的算法以及基于边着色的算法。本章分析了算法的正确性，并使用平摊分析对算法的复杂性进行了证明。基于不同领域真实数据集上的实验也证明了本章介绍算法的有效性。

参　考　文　献

[1] Ma S, Cao Y, Fan W, et al. Capturing topology in graph pattern matching [J]. Proceedings of the VLDB Endowment, 2011, 5(4): 310-321.

[2] Cormen T, Leiserson C, Rivest R, et al. Introduction to Algorithms [M]. 3rd ed. Cambridge: The MIT Press, 2009.

[3] Schroder B. Ordered Sets: An Introduction [M]. 2nd ed. Basel: Birkhauser, 2016.

[4]   Milner R. Communication and Concurrency [M]. Upper Saddle River: Prentice Hall, 1989.

[5]   Henzinger M R, Henzinger T, Kopke P. Computing simulations on finite and infinite graphs [C]. Proceedings of the 36th Annual Symposium on Foundations of Computer Science, Milwaukee. Washington D. C.: IEEE Computer Society, 1995: 453-462.

[6]   Fan W, Li J, Ma S, et al. Graph pattern matching: From intractable to polynomial time [J]. Proceedings of the VLDB Endowment, 2010, 3(1-2): 264-275.

[7]   Fan W, Li J, Ma S, et al. Adding regular expressions to graph reachability and pattern queries [C]. Proceedings of the 2011 IEEE 27th International Conference on Data Engineering, Hannover. Washington D. C.: IEEE Computer Society, 2011: 39-50.

[8]   Eagle N, Pentland A. Reality mining: sensing complex social systems [J]. Personal and Ubiquitous Computing, 2006, 10(4): 255-268.

[9]   Rombach M, Porter M, Fowler J, et al. Core-periphery structure in networks [R]. arXiv:1202.2684v2. 2013.

[10] Aggarwal C, Wang H. Managing and Mining Graph Data [M]. Berlin: Springer, 2010.

[11] Gallagher B. Matching structure and semantics: A survey on graph based pattern matching [J]. AAAI FS., 2006, 6: 45-53.

[12] Lidl R, Niederreiter H. Finite Fields [M]. 2nd ed. Cambridge: Cambridge University Press, 1997.

[13] Hongkong Real-time Traffic Data [DB].

[14] NBER 专利引用数据集 [DB].

[15] twitter4j Java API[EB].

[16] Twitter 开发者平台：Twitter API [EB].

[17] Wikipedia：Most Common Words in English [EB].

[18] Chen L, Wang C. Continuous subgraph pattern search over certain and uncertain graph streams [J]. IEEE Transactions on Knowledge and Data Engineering, 2010, 22(8): 1093-1109.

[19] Tong H, Faloutsos C, Gallagher B, et al. Fast best effort pattern matching in large attributed graphs [C]. Proceedings of the 13th ACM SIGKDD International Conference on Knowledge Discovery and Data Mining, San Jose. New York: ACM, 2007: 737-746.

[20] Zou L, Chen L, Ozsu M T. Distance-join: Pattern match query in a large graph database [J]. Proceedings of the VLDB Endowment, 2009, 2(1): 886-897.

[21] Gouda K, Hassaan M. Compressed feature-based filtering and verification approach for subgraph search [C]. Proceedings of the 16th International Conference on Extending Database Technology, Genoa. New York: ACM, 2013: 287-298.

[22] Sun Z, Wang H, Wang H, et al. Efficient subgraph matching on billion node graphs [J]. Proceedings of the VLDB Endowment, 2012, 5(9): 788-799.

[23] Yuan Y, Wang G, Chen L, et al. Efficient subgraph similarity search on large probabilistic graph databases [J]. Proceedings of the VLDB Endowment, 2012, 5(9): 800-811.

[24] Lee J, Han W, Kasperovics R, et al. An in-depth comparison of subgraph isomorphism algorithms in graph databases [J]. Proceedings of the VLDB Endowment, 2012, 6(2): 133-144.

[25] Tian Y, Patel J M. Tale: A tool for approximate large graph matching [C]. Proceedings of the 2008 IEEE 24th International Conference on Data Engineering, Cancun. Washington D. C.: IEEE Computer Society, 2008: 963-972.

[26] Khan A, Wu Y, Aggarwal C C, et al. Nema: Fast graph search with label similarity [J]. Proceedings of the VLDB Endowment, 2013, 6(3): 181-192.

[27] Zhu G, Lin X, Zhu K, et al. Treespan: Efficiently computing similarity all-matching [C]. Proceedings of the 2012 ACM SIGMOD International Conference on Management of Data, Scottsdale. New York: ACM, 2012: 529-540.

[28] Cheng J, Zeng X, Yu J X. Top-k graph pattern matching over large graphs [C]. Proceedings of the 2013 IEEE International Conference on Data Engineering, Brisbane. Washington D. C.: IEEE Computer Society, 2013: 1033-1044.

[29] Cormode G, Muthukrishnan S. Space efficient mining of multigraph streams [C]. Proceedings of the 24th ACM SIGMOD-SIGACT-SIGART Symposium on Principles of Database Systems, Baltimore. New York: ACM, 2005: 271-282.

[30] McGregor A. Finding graph matchings in data streams [C]. International Workshop on Randomization and Approximation Techniques in Computer Science, Berkeley. Berlin: Springer, 2005: 170-181.

[31] Feigenbaum J, Kannan S, McGregor A, et al. On graph problems in a semi-streaming model [J]. Theoretical Computer Science, 2005, 348(2): 207-216.

[32] Oracle. Oracle complex event processing: Lightweight modular application event stream processing in the real world [R]. 2009.

[33] Agrawal J, Diao Y, Gyllstrom D, et al. Efficient pattern matching over event

streams [C]. Proceedings of the 2008 ACM SIGMOD International Conference on Management of Data, Vancouver. New York: ACM, 2008: 147-160.

[34]   Woods L, Teubner J, Alonso G. Complex event detection at wire speed with FPGAs [J]. Proceedings of the VLDB Endowment, 2010, 3(1-2): 660-669.

第 5 章 图数据流通用事件查询

第 4 章对图数据流上特别针对图模式匹配的事件发现问题进行了讨论，本章继续对图数据流上的问题进行探讨。特别地，对于流数据处理来说，近似查询通常用于流数据上的查询，以节省存储空间和查询处理时间。本章介绍一种图数据流上的存储结构，仅使用亚线性存储空间来支持图上通用的查询，并保证一定的准确度。本章首先对问题进行描述，之后介绍了基于最小计数的标签图略图方法（LGS）。略图在将原始数据存储在亚线性空间的前提下，同时保留图数据的结构信息，并支持多种类型的图查询。略图方法支持滑动窗口查询，并自动处理失效边。之后介绍了回答多种类型查询的算法，包括聚合点查询、聚合边查询以及路径可达查询。本章对算法的准确度和复杂度进行了分析。重要的是，本章说明了略图方法能够作为一个黑盒使用，支持现存的多种图算法来回答多样的图查询。本章最后进行了基于 5 个不同领域真实数据的实验，与 TCM [1] 进行了比较，实验结果显示本章介绍的方法比 TCM 具有更高的准确度。实验部分也验证了本章的理论分析，并且显示基于略图的查询应答比基于原始数据的查询应答快得多。

5.1 问题描述及准备知识

1. 图数据流

一个图数据流 G 是一个由数据项 $e = (A, B; t)$ 组成的序列。其中 A 是边 e 起始端点的标识符，并且与一个顶点标签 $L_v(A)$ 相关联，而 B 是边 e 终点端点的标识符，并且与标签 $L_v(B)$ 相关联。顶点标签可以作为不同顶点类型使用（如第 1 章例 1.10 中的域名服务器）。每条边 e 也有对应的边标签（如第 1 章例 1.10 中的不同邮件主题）。一个时间戳 t 说明了边 e 到达的时间。这样一个数据流自然地定义了一个图 $G = (V, E)$，其中 V 是顶点 $v_1, v_2, ..., v_n$ 的集合，E 是边 $e_1, e_2, ..., e_m$ 的集合。每一个顶点 v_i 有一个来自顶点标签集 Σ_N 的顶点标签 $L_v(v_i)$，而每条边 e_i 有一个来自边标签集 Σ_E 的边标签 $L_e(e_i)$。一个图数据流 G 以边进入的时间，按非降序方式排序。本章使用的模型为滑动窗口模型。假设滑动窗口的大小是 W 个时间单位（如秒）并且当前时间为 t；算法将自动地丢弃到达时间早于 $t - W$ 的边。这一研究结果也适用于不使用窗口的情况。

2. 最小计数略图

最小计数略图（CountMin sketch, CMS）[2] 最初适用于流数据总结。它包括一个二维的计数阵列，其中宽度为 w，深度为 d：$count[1,1]...count[d,w]$。假设数据流中共有 n 个不同的数据项，使用 v 个随机选自相互独立的哈希函数组中的哈希函数 $[h_1,...,h_v:1...n \to 1...w]$，将到来的数据项映射到矩阵元中。当 t 时刻数据项 i 携带更新 c_t 到来，图 5.1 中相应的计数在 v 行中被更新。对于一个未加权的到达数据项，c_t 的值为 1。由于这一模型没有存储数据项到达时间信息，它无法处理数据项失效的情况。将一个数据项从略图中移除时，对于未加权情况，将 c_t 设为 -1；对于加权情况，将 c_t 设为数据项权对应的负值。为了获得一个数据项的计数，再次使用 v 个哈希函数将所查询的数据项映射到 v 个矩阵元中，并以这些矩阵元中的最小值作为结果，即 $\min\{count[1,h_1(i)], count[2,h_2(i)],..., count[v,h_v(i)]\}$。

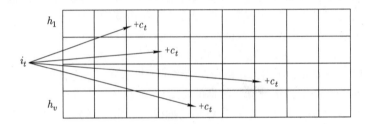

图 5.1　最小计数略图的计数更新

5.2　标签图的略图存储

图数据流中一条从 A 到 B 的边 e 被标记为 $(A,B,L_v(A),L_v(B),L_e(e))$。当处理一条进入的边并将其编码到略图中时，需要考虑顶点标识符、顶点标签以及边标签等 3 个要素。算法使用选自一组相互独立哈希组的哈希函数来处理这 3 个要素。模型需要处理滑动窗口，算法也需要处理数据项失效问题。由于实际应用并不需要非常精细的时间粒度，算法将整个滑动窗口划分为 k 个子窗口。图 5.2 说明了对于一条进入的边，标签图略图算法如何工作。图 5.2 的上半部分显示了算法使用 v 个略图来减小误差。由于本章处理的是结构化图数据，一个单独的略图表示为一个二维矩阵。图 5.2 的下半部分显示了对于一个单独的略图，插入算法如何运行。

令一个单一略图为 $wd \times wd$ 的矩阵，即整个矩阵划分为 $w \times w$ 个块，每个块是一个 $d \times d$ 的子矩阵。假设进入边 $e(A,B)$ 的边标签为 $L_e(e)$，一个端点 A 具有点标签 $L_v(A)$，另一个端点 B 具有点标签 $L_v(B)$。哈希函数 h 将点标签 $L_v(A)$ 和 $L_v(B)$ 分别映射到范围 $[1...w]$ 中，得到一个矩阵块。之后哈希函数 h 将顶点标识

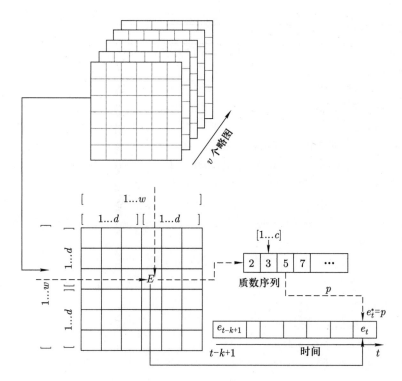

图 5.2　对于一条进入的边，标签图略图的插入算法

符 A 和 B 分别映射到范围 $[1...d]$ 内，抵达之前所选矩阵块中的矩阵元 E。这种对于顶点的两级哈希映射确保了略图能够支持基于点标签（或类型）的聚合点查询。接下来处理边标签 $L_e(e)$。每个矩阵元 E 包含一个 k 个子窗口计数器的序列。每个子窗口计数器由两部分构成，第一部分 C_i 是在第 i 个子窗口抵达这一哈希表矩阵元的边的计数；第二部分是一系列质数的乘积，包含如下所述的边标签信息。算法有一组唯一质数序列可选择，例如小于 1 024 的 172 个质数。之后使用哈希函数 h 将边标签 $L_e(e)$ 映射到范围 $[1...c]$ 中，其中 c 是质数序列的长度。之后将第 $h(L_e(e))$ 个质数乘到子窗口计数器的第二部分 e_i 中。c 的选取是由实际应用决定的。

算法 5.1 用来随着边的进入构建略图。本章使用的符号列于表 5.1 中。

令 S 为 $wd \times wd$ 的矩阵。每个矩阵元 E 维护两个列表：一个列表维护每一子窗口的边计数，另一列表的每一条目对应与子窗口中边标签相对应的质数乘积。算法 5.1 第 5—7 行用于根据进入边两个端点的标识符以及点标签来确定矩阵元 E 的位置。算法第 8—11 行用来检查是否要开始一个新的子窗口，如果最后一个

算法 5.1: LABELEDGRAPHSKETCH

    Input: 图数据流 G，窗口大小 W，子窗口大小 W_s

    Output: 标签图略图 $\boldsymbol{S}$

1 $\boldsymbol{S} \leftarrow$ 一个空的略图

2 $P \leftarrow c$ 个质数列表

3 $k \leftarrow W/W_s$

4 **foreach** G 中的新边 $e = (A, B; t)$ **do**

5     $m \leftarrow d * (h(L_v(A)) \bmod w) + h(A) \bmod d$

6     $n \leftarrow d * (h(L_v(B)) \bmod w) + h(B) \bmod d$

7     $\boldsymbol{E} \leftarrow \boldsymbol{S}[m][n]$

8   **if** $E[k].t + W_s = t$ **then**

9   **for** $i \leftarrow 2$ **to** k **do**

10            $E[i-1] \leftarrow E[i]$

11         $E[k].t \leftarrow t$

12     $E[k].C \leftarrow E[k].C + 1$

13     $p_e \leftarrow h(L_e(e)) \bmod c$

14     $E[k].e \leftarrow E[k].e * P[p_e]$

15     $\boldsymbol{S}[m][n] \leftarrow \boldsymbol{E}$

16 返回 $\boldsymbol{S}$

子窗口的开始时间加上子窗口大小与当前时间 t 相等，则需要开始一个新的子窗口。注意窗口滑动以及数据项失效以这种方式处理。算法并不需要记录每一个子窗口的起始时间，只记录最后一个子窗口的起始时间。算法第 12—14 行用于更新子窗口的计数和乘积域。对于滑动窗口的查询，质数乘积通常不会超出一个字的长度（64 位）。当乘积太大时，特别是对于非滑动窗口查询，算法将乘积划分为多个字，详细内容在第 5.3.4 节中进一步讨论。

此外，为了区分由哈希函数引起的冲突，算法使用 v 个哈希函数得到 v 个略图 $\{S_1, ..., S_v\}$，之后查询结果从这 v 个略图中计算。

表 5.1 本章使用的符号

符号	含义
W	窗口大小
W_s	子窗口大小

符号	含义
t	当前时间
S	标签图略图
v	略图数量
w	点标签哈希范围大小
d	点标识符哈希范围大小
A, B	点标识符
$L_v(A), L_v(B)$	点标签
$L_e(e)$	边标签
k	子窗口数量
E	S 中存储边信息的矩阵元
$E[i].C$	矩阵元 E 中第 i 个子窗口的边计数区域
$E[i].e$	矩阵元 E 中第 i 个子窗口的质数乘积区域，编码了边标签信息
$E[i].t$	子窗口 i 的起始时间

5.3 查 询 应 答

在深入介绍标签图略图所支持的多种查询类型之前，先介绍一个辅助算法。这一算法用于当给定起始端点和结束端点时，获取边的数量。所有起点和终点都相同的边会被哈希函数映射到相同的矩阵元。算法 5.2 用于获取一个矩阵元中考虑或不考虑边标签时边的数量。

算法 GETEDGECOUNT 的输入包括可选的需要匹配的边标签 l 以及相对应的可选哈希函数以及质数列表。算法 5.2 第 1、2 以及 7—9 行计算一个矩阵元当提供可选输入时，对应边标签的边数量。算法返回两个值：矩阵 $S[m][n]$ 中与输入标签相匹配的边的数量以及所有边的数量。算法第 7—9 行是由于每一个标签为 l 的边对质数乘积的贡献为 p_e。

5.3.1 点查询应答

本章讨论的略图支持所有类型的聚合点查询，包括考虑边标签或不考虑边标签的聚合单点查询，以及考虑边标签或不考虑边标签的聚合单点类查询。为了得到一个给定节点的入度，算法使用哈希函数 h 两次，将这一节点映射到一个指定列中，之后将这一列中所有矩阵元的值相加。矩阵元的值使用 GETEDGECOUNT 计

算法 5.2: GETEDGECOUNT

Input: 边标签 l (可选)，哈希函数 h (可选)，质数序列 P (可选)，指定矩阵元
$S[m][n]$

Output: i: $S[m][n]$ 中边标签为 l 的边数量，j: $S[m][n]$ 中边的数量，不考虑边
标签

1   $p_e \leftarrow P[h(l) \bmod c]$ //如果提供了边标签 l，获取 l 对应的质数表示

2   $i \leftarrow 0$ //边标签为 l 的边数量

3   $j \leftarrow 0$ //不考虑边标签的边数量

4   $currentE \leftarrow S[m][n]$

5   **for** $s_t \leftarrow 1$ **to** k **do**

6      $j \leftarrow j + currentE[s_t].C$

7   **while** $currentE[s_t].e \bmod p_e = 0$ **do**

8          $i \leftarrow i + 1$

9          $currentE[s_t].e \leftarrow currentE[s_t].e/p_e$

10   返回 i, j

算，支持考虑边标签或不考虑边标签的计算。类似地，对一个给定节点的出度，算法使用哈希函数 h 两次，将这一节点映射到一个指定行中，并使用类似的方法得到这一行的总和值。算法使用 v 组哈希函数来区分由哈希冲突引起的误差，最终值是 v 个略图中的最小值。由于算法将具有相同点标签的一组点放在一起，算法也支持点标识符不同但点标签相同的聚合点标签查询。详细过程见算法 5.3 AGGV。AGGV 算法支持以上所讨论的所有类型的点查询。算法的输入包括点标签 $L_v(A)$、可选的点标识符 A 以及可选的边标签 l。当查询是针对一类给定的点标签时，不需要提供点标识符信息。

    AGGV 算法处理了所有类型点查询对于入度的查询。算法 5.3 第 1—4 行为 4 种类型的聚合点查询设置了计数器并初始化为 0。算法第 5 行用于查找给定节点的聚合点查询所处的列。算法第 6 行用于查找给定点标签的聚合点标签查询的起始列。第 7 行和第 8 行计算了给定节点考虑边标签的聚合点查询。第 9 行处理给定节点不考虑边标签的聚合点查询。算法第 10—12 行处理给定点标签考虑边标签的聚合点标签查询。算法第 10、11 以及 13 行处理给定点标签不考虑边标签的聚合点标签查询。

    算法 AGGV 展示了对所有点查询的入度查询方法，对于出度查询有类似的算法，只需要将对于给定点标识符查询的聚合点中单列和的计算改成单行和的计算，以及对于给定点标签的聚合点标签查询中多列和的计算改成多行和的计算即可。

算法 5.3: AGGV

Input: 可选的点标识符 A，点标签 $L_v(A)$，可选的边标签 l

Output: i_c: 点 A 边标签为 l 的入度，j_c: 点 A 的入度，p_c: 点标签为 $L_v(A)$ 的所有点连接边标签为 l 的入度和，q_c: 点标签为 $L_v(A)$ 的所有点的入度和

1   $i_c \leftarrow 0$

2   $j_c \leftarrow 0$

3   $p_c \leftarrow 0$

4   $q_c \leftarrow 0$

5   $m \leftarrow d * (h(L_v(A)) \bmod w) + h(A) \bmod d$

6   $n \leftarrow d * (h(L_v(A)) \bmod w)$

7   **for** $a \leftarrow 1$ **to** $d * w$ **do**

8      $i_c \leftarrow i_c + i$ （调用 GETEDGECOUNT $(l, h, P, \boldsymbol{S}[a][m])$ 返回值）

9      $j_c \leftarrow j_c + j$ （调用 GETEDGECOUNT $(\boldsymbol{S}[a][m])$ 返回值）

10   **for** $b \leftarrow n$ **to** $n + d$ **do**

11   **for** $a \leftarrow 1$ **to** $d * w$ **do**

12        $p_c \leftarrow p_c + i$ （调用 GETEDGECOUNT $(l, h, P, \boldsymbol{S}[a][b])$ 返回值）

13        $q_c \leftarrow q_c + j$ （调用 GETEDGECOUNT $(\boldsymbol{S}[a][b])$ 返回值）

14 返回 i_c, j_c, p_c, q_c

    定理 5.1 对于给定点标识符，不考虑边标签的聚合点查询，算法得出的聚合点查询的边数量估计值 $\hat{a_i}$ 有如下保证：$a_i \leqslant \hat{a_i}$，并且有至少 $1 - \delta$ 的概率，

$$\hat{a_i} \leqslant a_i + \varepsilon E_w$$

其中，略图数 v 为 $\lceil ln \frac{1}{\delta} \rceil$，点标识符哈希范围 d 为 $\lceil \frac{e}{\varepsilon} \rceil$，$a_i$ 是查询的实际值，E_w 是滑动窗口 W 内的边总数。

    证明 这一证明对 CMS [2] 中的证明进行了扩展。使用指示变量 $I_{i,j,k}$，其含义为：如果对于 v 个略图中任意一个哈希函数，有 $(i \neq k) \wedge (h_j(i) = h_j(k))$（对于点查询，两个不同的点被映射到相同的行/列的情况）时，指示变量值为 1，其他情况下值为 0。有以下两种情况使 $I_{i,j,k} = 1$：

    情况 1：拥有不同点标签的不同标识符的点被映射到相同的行/列，意味着哈希冲突出现了两次。由哈希函数的相互独立，这一概率为

$$P_1(I_{i,j,k}) = 1/wd$$

情况 2：点标签相同，但点标识符不同的点被映射到相同的行/列。由哈希函数的相互独立，这一概率为

$$P_2(I_{i,j,k}) = 1/d$$

由于情况 1 和情况 2 都是对于两种子情况的条件概率，有

$$E[I_{i,j,k}] \leqslant \max(P_1(I_{i,j,k}), P_2(I_{i,j,k})) \leqslant \frac{1}{d} \leqslant \frac{\varepsilon}{e}$$

定义一个随机变量 $X_{i,j} = \sum_{k=1}^{n} I_{i,j,k} a_k$，其中 n 是不同节点的总数，a_k 表示与给定节点 k 相关联的边的数量。由 h_j 相互独立以及线性期望，观察到

$$E[X_{i,j}] = E[\sum_{k=1}^{n} I_{i,j,k} a_k] \leqslant \sum_{k=1}^{n} a_k E[I_{i,j,k}] \leqslant \frac{\varepsilon}{e} E_w$$

由马尔可夫不等式，有

$$\begin{aligned}
Pr[\hat{a}_i < a_i + \varepsilon E_w] &= Pr[\forall j \cdot count[j, h_j(i)] < a_i + \varepsilon E_w] \\
&= Pr[\forall j \cdot a_i + X_{i,j} < a_i + \varepsilon E_w] \\
&= Pr[\forall j \cdot X_{i,j} < eE(X_{i,j})] > 1 - e^{-d} \geqslant 1 - \delta.
\end{aligned}$$

可以快速验证当 v 大于 5 时，算法有大于 0.99 的概率进入理论误差范围，在实验部分也证实了这一点。在实际使用中，可以通过对一个小窗口的运行来获得进入图数据流的统计数据，并根据内存需求设定相应的参数。

定理 5.2 对于给定点标识符，不考虑边标签的聚合点查询，时间复杂度为 $O(wdk)$，即 $O(\lceil \frac{e}{\varepsilon} \rceil k)$，其中 k 是子窗口的数量。

证明 对于这一查询，只需要将一行/列中所有矩阵元的数值相加。在一个行/列中共有 wd 个矩阵元。对于一个矩阵元，需要将这一矩阵元中计数器列表中的 k 个计数器相加获得最终结果。

定理 5.3 对于给定点标识符，考虑边标签的聚合点查询，算法得出的聚合点查询的边数量估计值 $\hat{a}_i$ 有如下保证：$a_i \leqslant \hat{a}_i$，并且有至少 $1 - \delta$ 的概率，

$$\hat{a}_i \leqslant a_i + \varepsilon E_w$$

其中，略图数 v 为 $\lceil ln \frac{1}{\delta} \rceil$，点标识符哈希范围 d 为 $\lceil \frac{e}{\varepsilon} \rceil$，所使用的质数数量为 c，并且 dc 被设为 $\lceil \frac{e}{\varepsilon} \rceil$，$a_i$ 是真实的实际值，E_w 是滑动窗口 W 内的边总数。

证明 与定理 5.1 的证明类似，此处略。

定理 5.4 对于给定点标识符，考虑边标签的聚合点查询，时间复杂度为 $O(wdk+i)$，即 $O(\lceil\frac{e}{\varepsilon}\rceil k+i)$，其中 i 是查询结果。

证明 对于这一查询，仍需对一行/列中的值进行求和。并且，对于每个矩阵元，对于所有 k 个子窗口，需要检查子窗口中是否包含了查询所要求的特殊边标签。如果包含，需要检查包含了多少条边，这一过程至多需要 i 个时间单元；如果不包含，继续检查下一子窗口。因此，与不考虑边标签的聚合点查询相比，时间复杂度只需要占用至多 i 个时间单元。

略图也支持对于一类点标签的聚合点标签查询，这一类查询的误差界与给定点标识符的聚合点查询类似。对于不考虑边标签和考虑边标签的基于一类点的聚合点标签查询，时间复杂度分别为 $O(w^2d)$ 和 $O(w^2d+i)$，其中 i 为查询结果。

5.3.2 边查询应答

略图支持多种聚合边查询，包括以下 6 种：
- 不考虑边标签，两个端点间的聚合边查询；
- 考虑边标签，两个端点间的聚合边查询；
- 不考虑边标签，一个节点和一类节点间的聚合边查询；
- 考虑边标签，一个节点和一类节点间的聚合边查询；
- 不考虑边标签，两类节点间的聚合边查询；
- 考虑边标签，两类节点间的聚合边查询。

对于以上查询，只需要对相应的矩阵元进行定位，并获取回答查询所需的信息。详细过程见算法 5.4。最终返回结果是 v 个略图中的最小值。

算法 5.4 第 1—3 行计算考虑边标签时，两个顶点间的聚合边查询结果。算法第 1、2、4 行计算不考虑边标签时，两个顶点间的聚合点查询结果。算法第 5—8 行为其余 4 种聚合边查询设定初始计数器。算法第 1、2、9、10 行处理考虑边标签时，一个顶点和一类点之间的聚合边查询。算法第 1、2、9、11 行处理不考虑边标签时，一个顶点和一类顶点之间的聚合边查询。算法第 1、2 行及第 12—14 行处理考虑边标签时，两类顶点之间的聚合边查询。算法第 1、2、12、13 和 15 行解决不考虑边标签时，两类顶点之间的聚合边查询。

定理 5.5 对于不考虑边标签的两个顶点之间的聚合边查询，算法返回的估计值 $\hat{a}_i$ 有如下保证：$a_i \leqslant \hat{a}_i$，并且有至少 $1-\delta$ 的概率，有

算法 5.4: AGGEDGE

Input :

端点标签为 $L_v(A)$ 和 $L_v(B)$ 的边 $e = (A, B)$，边标签为 $L_e(e)$

Output:

i_{vv}: 顶点 A 和 B 之间边标签为 $L_e(e)$ 的聚合边查询结果

j_{vv}: 顶点 A 和 B 之间的聚合边查询结果

i_{vt}: 顶点 A 和顶点标签 $L_v(B)$ 之间边标签为 $L_e(e)$ 的聚合边查询结果

j_{vt}: 顶点 A 和顶点标签 $L_v(B)$ 之间的聚合边查询结果

i_{tt}: 顶点标签 $L_v(A)$ 和顶点标签 $L_v(B)$ 之间边标签为 $L_e(e)$ 的聚合边查询结果

j_{tt}: 顶点标签 $L_v(A)$ 和顶点标签 $L_v(B)$ 之间的聚合边查询结果

1　$m \leftarrow d * (h(L_v(A)) \bmod w) + h(A) \bmod d$

2　$n \leftarrow d * (h(L_v(B)) \bmod w) + h(B) \bmod d$

3　$i_{vv} \leftarrow i$（调用 GETEDGECOUNT($L_e(e)$, h, P, $\boldsymbol{S}[m][n]$) 返回值）

4　$j_{vv} \leftarrow j$（调用 GETEDGECOUNT($\boldsymbol{S}[m][n]$) 返回值）

5　$i_{vt} \leftarrow 0$

6　$j_{vt} \leftarrow 0$

7　$i_{tt} \leftarrow 0$

8　$j_{tt} \leftarrow 0$

9　**for** $a \leftarrow n$ **to** $n + d$ **do**

10　　$i_{vt} \leftarrow i_{vt} + i$（调用 GETEDGECOUNT($L_e(e)$, h, P, $\boldsymbol{S}[m][a]$) 返回值）

11　　$j_{vt} \leftarrow j_{vt} + j$（调用 GETEDGECOUNT($\boldsymbol{S}[m][a]$) 返回值）

12　**for** $a \leftarrow m$ **to** $m + d$ **do**

13　　**for** $b \leftarrow n$ **to** $n + d$ **do**

14　　　$i_{tt} \leftarrow i_{tt} + i$（调用 GETEDGECOUNT($L_e(e)$, h, P, $\boldsymbol{S}[a][b]$) 返回值）

15　　　$j_{tt} \leftarrow j_{tt} + j$（调用 GETEDGECOUNT($\boldsymbol{S}[a][b]$) 返回值）

16　返回 $i_{vv}, j_{vv}, i_{vt}, j_{vt}, i_{tt}, j_{tt}$

$$\hat{a_i} \leqslant a_i + \varepsilon E_w$$

其中，略图数量 v 为 $\lceil ln\frac{1}{\delta} \rceil$，两顶点标识符哈希范围 $d * d$ 为 $\lceil \frac{e}{\varepsilon} \rceil$，$a_i$ 是真实数值，E_w 是滑动窗口 W 中边的数量。

证明　与定理 5.1 的证明类似，此处略。

容易看出不考虑边标签时，两个顶点间的聚合边查询的时间复杂度为 $O(k)$，用于将一个矩阵元中 k 个子窗口的值相加。类似地，考虑边标签时，当将 ddc 设为 $\lceil ln\frac{1}{\varepsilon} \rceil$ 时，两个顶点间的聚合边查询与不考虑边标签的顶点间聚合边查询的误差界一样。考虑边标签时，两顶点间的聚合边查询的时间复杂度为 $O(k+i)$，其中 i 是查询结果。

另 4 种聚合边查询都有类似的误差界。不考虑边标签时，一个顶点和一类顶点间的聚合边查询的时间复杂度是 $O(dk)$；考虑边标签时，一个顶点和一类顶点间的聚合边查询的时间复杂度是 $O(dk+i)$，其中 i 是查询结果；不考虑边标签时，两类顶点间的聚合边查询的时间复杂度是 $O(d^2k)$；考虑边标签时，两类顶点间的聚合边查询的时间复杂度是 $O(d^2k+i)$，其中 i 是查询结果。

5.3.3 可达查询应答

由于略图保留了所有结构信息，因此可以作为黑盒，使用在现存的任何可达查询算法上。这里使用经典的深度优先搜索（DFS）进行阐明。

为了检查是否有一条从顶点 A 到顶点 B 的路径，首先在算法 5.5 中进行一些初始化。如果 (A, B) 已经恰好是图中的一条边，那么从 A 到 B 可达；否则调用递归算法 5.6 并使用深度优先搜索来检测 B 是否由 A 可达。注意算法没有错误否定，但可能出现错误肯定。例如，如果算法返回没有从 A 到 B 的路径，则 A 与 B 之间确实没有路径；如果算法返回的结果是 A 与 B 间存在一条路径，则有可能实际上 A 与 B 之间并没有路径。

算法 5.5: PATHREACHABILITY

    Input: 两个顶点标识符 A, B

    Output: 是否有从 A 到 B 的路径

1   $s \leftarrow d * (h(L_v(A)) \bmod w) + h(A) \bmod d$

2   $t \leftarrow d * (h(L_v(B)) \bmod w) + h(B) \bmod d$

3   $j_e \leftarrow j$ （调用 GETEDGECOUNT($S[s][t]$) 返回值）

4   **if** $j_e > 0$ **then**

5   返回 true

6   $V \leftarrow \varnothing$ //访问过的节点列表，初始时为空

7   返回调用 REACH(s, t) 的结果

PATHREACHABILITY 算法的第 1、2 行将起始点和终点的标识符分别映射到

算法 5.6: REACH

Input: s: 起点标识符在矩阵中的行数

$\quad\quad\quad$ t: 终点标识符在矩阵中的列数

Output: 是否有从 s 到 t 的路径

1 $V \leftarrow V \cup s$

2 $j_e \leftarrow j$（调用 GETEDGECOUNT($S[s][t]$) 返回值）

3 **if** $j_e > 0$ **then**

4 $\quad$ 返回 true

5 **for** $i \leftarrow 1$ to $d*w$ **do**

6 $\quad$ $j_e \leftarrow j$（调用 GETEDGECOUNT($S[s][i]$) 返回值）

7 $\quad$ **if** $j_e > 0$ and $i \notin V$ **then**

8 $\quad\quad$ **if** REACH($i,\ t$) **then**

9 $\quad\quad\quad$ 返回 true

10 返回 false

相对应的行列中。算法第 3—5 行用于检查这两点间是否已经有一条边，此时再次用到辅助算法 GETEDGECOUNT，如果这两个顶点间的聚合边值大于 0，则这两点间有边，已经被连接；如果被查询的两点在初始时没有连接，则调用 REACH 来进行深度优先递归搜索。

注意到在算法 5.5 中并没有考虑边标签。然而，对于点 B 是否能由点 A 通过一类特定边标签的边可达的查询也是能够支持的。在这种情况下，只需要将 PATHREACHABILITY 的第 3 行和第 4 行，以及算法 5.6 的第 2、3、6、7 行替换为 $i_e \leftarrow i$（调用 GETEDGECOUNT ($l, h, P, S[s][t]$) 返回值）以及 **if** $i_e > 0$ 即可。对于将算法扩展至能够支持类似"顶点 B 是否能由 A 经过最多两条类型为 $L_e(e)$ 的边可达"的查询也比较容易。对于这类问题，可以在算法中维护一个计数器，用于记录迄今为止经过了多少条边标签为 $L_e(e)$ 的边。略图也支持回避某类边或点的路径可达查询。对于避免某些边类型，只需要在算法 5.6 的第 3 行和第 7 行前加上 $i_e \leftarrow i$（调用 GetEdgeCount($l, h, P, S[s][t]$) 返回值）并将第 3 行和第 7 行替换为 **if** $j_e > i_e$。

注意到需要在所有 v 个略图上运行算法。只有当 v 个略图返回的值都是从某点到某点可达时，算法才会返回可达值。在图数据流窗口中，点 A 到点 B 真的可达时，略图中运行算法也会返回点 A 到点 B 可达。原因在于，如果确实有一条从点 A 到点 B 的路径，由于连接路径的边的存在，对应的哈希矩阵元中的值一定大于或等于 1，因此略图也会找到这一路径。另一方面，如果在图数据流窗口中，点 A 到点 B 并不可达，略图也可能找到一条错误的从点 A 到点 B 的路径。

定理 5.6 假设算法找到一条由略图中 l 条边（REACH 算法中的第 6 行）组成的路径 P（或一个序列）。在一个假设检验的设定中，令图数据流中没有路径与 P 相一致为零假设，则算法的错误肯定概率（即找到 P，因此错误拒绝零假设的概率）不大于 $1 - e^{-\frac{E_w l}{d^2 w^2}}$，其中 E_w 是当前窗口中边的数量，d 和 w 分别为顶点标识符哈希值范围以及顶点标签哈希值范围。

证明 首先获取略图中单一矩阵元的错误正确率，即碰巧设为肯定的概率；即略图中单一矩阵元错误肯定概率的上界。图中一条边被映射到某一矩阵元的概率是 $\frac{1}{d^2 w^2}$，窗口中 E_w 条边都没有被映射到这一矩阵元的概率是 $(1 - \frac{1}{d^2 w^2})^{E_w} \approx e^{-\frac{E_w}{d^2 w^2}}$，给出单一矩阵元错误肯定概率的上界为

$$p_+ \leqslant 1 - e^{-\frac{E_w}{d^2 w^2}} \tag{5.1}$$

接下来计算总体的错误肯定概率。算法没有产生错误肯定的概率为

$$Pr\,(correct) \geqslant \prod_{i=1}^{l} [p_i(1 - p_+) + (1 - p_i)]$$

$$\geqslant \prod_{i=1}^{l} [p_i(1 - p_+) + (1 - p_i)(1 - p_+)]$$

$$= \prod_{i=1}^{l} (1 - p_+)$$

$$= (1 - p_+)^l$$

其中，p_i 是 P 中第 i 条边（或第 i 个矩阵元）在图数据流窗口中没有一个真实的相对应的边的概率。因此，总的错误肯定概率为

$$Pr\,(false\ positive) = 1 - Pr\,(correct) \leqslant 1 - (1 - p_+)^l$$

使用公式 (5.1) 中 p_+ 的上界，即得到定理 5.6 中给出的错误肯定概率的上界。

定理 5.6 给出了一个略图的结果。当使用 v 个略图时，它们可能返回不同的路径（长度也可能不同）。假如图数据流窗口中没有从 A 到 B 的路径，而零假设对于 v 个略图中的每一个都为真。由于这 v 个略图是独立的，总体的误差概率为这 v 个略图误差概率的乘积。

5.3.4 其他查询及问题探讨

本章讨论的略图对图数据流中大范围的信息进行编码，不仅包括边和点的连接信息，还包括边和点的标签信息。因此本章介绍的略图可以用作许多现存图算法中的一个子程序或黑盒。例如，略图可以当作一个预过滤器，应用到子图模式匹配上。只有当查询模式中的所有边在略图中都能找到对应边时，才需要到图数据流中去进行证实。

在本章介绍的方案中，子窗口用来处理滑动窗口场景。对于不需要使用滑动窗口的情况，也可以不使用子窗口，一次更新包括插入以及删除，删除是插入的逆操作。不使用子窗口时，每一个矩阵元只为不考虑边标签的情况维护一个单一计数器，为考虑边标签的情况维护一个质数乘积表。当乘积结果太大时，需要使用质数乘积表，将乘积划分为片段；否则，只需要维护一个质数乘积结果即可。总体而言，对于不考虑滑动窗口的情况，对于相同的原始数据，与滑动窗口场景相比，使用较少的存储空间即可达到相同的准确度。并且，当进行查询应答时，由于不需要乘以子窗口数 k，时间复杂度也有所降低。

定理中显示的理论误差界并不是一个很紧凑的界，对于非常偏斜的数据也适用。对于偏斜数据，在开始的短时间内收集数据的统计信息，并分配相应的矩阵存储元。

如果对于某种顶点类型（点标签）的查询非常频繁，对于每一个子矩阵，可以使用额外的矩阵元，来记录两类顶点间聚合边查询的信息，以此来提高查询效率。

5.4　实　验　研　究

5.4.1 实验数据及实验设置

本章实验使用了如下 5 组真实数据集。

1. 电话数据

MIT 现实挖掘数据集 [3]，这一现实挖掘项目于 2004—2005 年于 MIT 媒体实验室进行。研究追踪了 94 个实验对象，实验对象的手机预先安装了一些软件，记录并发送实验对象关于通话记录、5 m 范围内蓝牙设备、手机信号发射塔标识符、应用程序使用情况和电话状态的数据。图数据流中的每一个数据项（即每条边）都包含电话呼叫者标识符、电话应答者标识符、通话时间以及通话时长。顶点自然地被分为两组：实验中的核心人群（94 个实验对象）以及边缘人群（与核心人群发生联系的人）。边标签由通话类型以及通话时长决定，边根据时间戳排序。

2. 道路数据

香港实时道路网络交通图 [4]，这一图数据流以 XML 形式呈现，其中每一段 XML 数据表示一个路段的一次监测情况，对应图数据流中的一条进入边。每条数据包括监测时间、道路两端的顶点标识符、区域、道路类型、道路饱和度以及行驶速度。边根据时间戳进行排序。由于这一场景中的顶点标签只需要通过增加一级哈希映射来维护，因此不考虑点标签，而是对边标签更感兴趣。实验将道路类型以及道路饱和度作为边标签。

3. DBLP 数据

我们从 [5] 中下载了以 XML 形式呈现的 DBLP 数据。关于数据的描述见 [6]。[5] 中的 DBLP 数据更新很频繁，实验使用的是 2016 年 11 月 17 日的版本。数据处理从原始的 XML 数据中提取了 5 507 607 个作者-文章对，数据内容包括作者、文章题目以及发表年份。顶点类型包括作者以及文章，发表年份作为边标签使用。为了让图更加复杂，从 [7] 中获取了 DBLP 的共同作者对，其中作者是唯一的点标签，而不同的年份作为边标签。

4. Twitter 数据

实验使用由 twitter4j [8] 开发的 Twitter 数据流 API [9] 来获取实时 Twitter 数据流。实验使用 20 个最常用的单词作为关键字来获取数据，这将产生比 [9] 中提供的随机采样速率更高的数据。图数据的顶点有两种标签：用户和信息。当用户发送一条信息时，创建一条从用户到信息的边；当用户回复或转发信息时，同样会创建边。基于不同类型，这些边有着不同的边标签。实验获取了两周的数据，数据大小约为 36 GB。

5. 安然公司邮件数据

实验从 [10] 获取数据，数据集包括安然公司大约 150 名员工的内部邮件。实验将发件人邮箱地址以及收件人邮箱地址作为两个端点的点标识符，相应的发件人状态以及收件人状态作为点标签。状态即这一员工的最新工作岗位，不在安然公司工作的人标记为其他。邮件主题作为边标签。边根据邮件发送时间进行排序。整个数据集包括 75 406 个不同的顶点以及来自 17 527 名不同发送者到 68 074 名不同接收者的共 2 064 442 条边，平均入度为 30.33，平均出度为 117.79。最大出度为 65 675，最大入度为 19 198。

虽然 TCM [1] 并不支持标签图上的查询，但这是最新的方法并且与本章介绍的问题最为接近，因此本章实验使用 TCM 作为比较方法。实验在非标签查询上与 TCM 进行比较，在标签查询上评价本章介绍的算法。

实验使用 Java 语言实现本章介绍的所有算法以及对比方法 TCM，所有实验在处理器为英特尔酷睿 i7 3.40 GHz 以及内存大小为 16 GB 的计算机上进行。

实验部分试图回答如下问题：

- 本章介绍的 LABELEDGRAPHSKETCH 吞吐量如何？
- 本章介绍的略图对于点查询、边查询以及路径可达查询的准确度如何？与 TCM 的比较结果如何？
- 本章介绍的略图对于点查询、边查询以及路径可达查询的效率如何？与 TCM 的比较结果如何？

5.4.2　实验结果

在展示实验结果前，先讨论一下实验中所使用的参数。将略图中矩阵元的数量除以输入数据中边的数量定义为压缩比。由于参数 w 和 d 决定了略图的大小，因此压缩比率只受参数 w 和 d 的影响。参数 v 影响了需要在多少个略图中进行边的插入操作，边插入的处理时间只与略图数量 v 有关。

1.　装载效率

首先对所有数据集所需的装载时间（loading time）进行测试。装载时间定义为将整个数据集分别装载入 LGS（有标签图略图）和 TCM 两个略图所需的时间。在这一组实验中，使用 $v=5$。各数据集的装载时间如图 5.3 所示。可以看出，电话数据集和道路数据集的装载时间都小于 1 s，而 LGS 对于 DBLP 数据集以及 Twitter 数据集的装载时间大约是 TCM 的两倍。原因在于，LGS 对于每一条进入的边，算法需要执行 5 次哈希函数（两次用于进入边两个端点的端点标识符，两次用于进入边两个端点的点标签，一次用于进入边的边标签）。而对于 TCM，只需要进行两次哈希处理（用于进入边的两个端点标识符）。由于 LGS 方法需要处理更多的信息，更多的处理时间是必需的。

图 5.4 显示了在实验中改变 v 值，流模式下 LGS 的吞吐量。吞吐量通过数据集中边的总数除以处理数据集所需时间得到。由于 DBLP 数据集没有以时间戳排序，并且作者图也没有时间戳，这一数据集不属于数据流场景，因此在这一组实验中没有使用 DBLP 数据集。表 5.2 和表 5.3 分别显示另外 4 个数据集的边数量，以及对于这 4 个数据集实验所使用的窗口大小和子窗口大小。v 从 1 变化到 9 时，电话数据集和道路数据集的处理时间都小于 0.1 s。数据集处理时间不仅包括每条边的插入时间，还包括一些初始化工作。对于电话数据集的初始化工作占据了数据处理的大部分时间，因此这一数据集的吞吐量结果有一些波动。道路数据集也有同样的情况，但是道路数据集中边的数量要更多一些（$v=7$ 附近的波动是由于 Java 的内存回收处理）。由于安然数据集和 Twitter 数据集足够大，对于这两个数据集

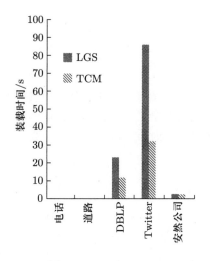

图 5.3　数据集装载时间

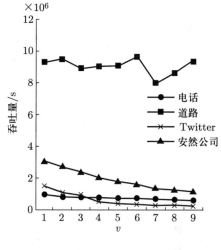

图 5.4　LGS 吞吐量

的处理时间足够忽略初始化工作带来的影响。可以看到随着 v 的上升，吞吐量有着轻微下降，但是吞吐量仍大于每秒 3×10^5 条边，因此 LGS 能够处理速率非常高的图数据流数据。

表 **5.2**　各数据集的边数量

	电话数据集	道路数据集	Twitter 数据集	安然数据集
边数量	52 050	680 551	63 136 932	2 064 151

表 **5.3**　各数据集的窗口大小和子窗口大小

数据集	窗口大小	子窗口大小
电话数据集	7 d	60 min
道路数据集	1 d	5 min
Twitter 数据集	1 d	10 min
安然数据集	7 d	60 min

2. 点查询

对于给定一个点的聚合点查询，考察 LGS 和 TCM 中不考虑边标签的查询准确度。图 5.5 显示了安然数据集的实验结果。在这一实验中，压缩比设置为 $1/200$；之后对应的 wd 等于 100，使用定理 5.1 计算出理论误差 ε 为 $\dfrac{e}{100}$。实验将略图数

量 v 从 1 变化到 9，查询结果误差小于理论误差的概率从 0.632 0 上升到 0.999 8。假设略图所返回的查询结果是 $\hat{a}_i$，实际值为 a_i，则误差为 $\dfrac{(\hat{a}_i - a_i)}{||a||_1}$，其中 $||a||_1$ 是边的总数。

从图 5.5 可以看出，LGS 方法误差非常小。原因在于安然数据集的顶点标识符都是邮件地址，共有 11 种顶点标签。当顶点标签数量较多，并且顶点标识符具有相似的特征（全部是姓名、邮件地址、数字等）时，LGS 倾向于有更高的准确度。

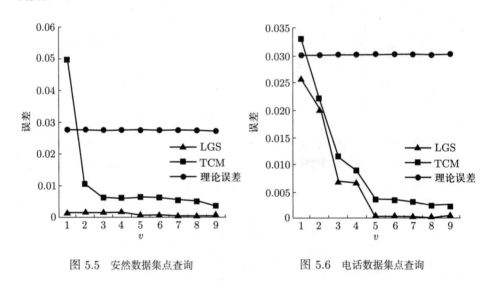

图 5.5　安然数据集点查询　　　　图 5.6　电话数据集点查询

图 5.6 显示了电话数据集的实验结果。由于这一数据集中只有两类顶点，LGS 没有显著优于 TCM，但 LGS 仍然更加准确。从图 5.5 和图 5.6 可以看出，当 v 为 1 时，TCM 的误差大于理论误差。这是因为当 v 为 1 时，略图返回结果所得出的误差位于理论误差之内的概率仅有 0.632。其他数据集上的实验结果与安然数据集或电话数据集类似。使用 LGS 方法，所有的查询都能在 1 ms 之内被应答，比使用原始图数据流查询应答要快得多。对于类似安然数据集这样的数据，在原始数据流上，通常需要使用几秒时间来进行应答；而对于像 Twitter 这样的大数据集，通常需要几分钟来进行查询应答。

接下来，对考虑边标签的点查询的准确度进行实验。查询类似电话数据集中获取核心人物拨打的、通话类型为短时语音通话的通话数量。观察到即使误差 ε 非常小（通常情况下小于 0.01），但由于数据集本身很大（即数据集中边数量很多），$\varepsilon||a||_1$ 仍然会是一个很大的数，这意味着查询结果 $\hat{a}_i$ 与实际结果 a_i 的差距很大。

因此，实验引入相对误差作为误差衡量标准，其计算方法为 $|\hat{a}_i - a_i|/a_i$。在这种情况中，准确度由压缩比、略图数 v 以及算法对于边标签所使用的质数数量 c 所影响。将压缩比设为 $1/100$，并且使用不大于 20 的 c。对于不同设置，只改变 v 的值。

从图 5.7 可以看出，随着 v 的增长，相对误差降低，这是因为查询结果是 v 个略图结果中最小的一个。算法虽然使用了更多的略图，但最小值可以不变。但是总体趋势是，随着略图数的增长，相对误差减小。同时，从图 5.7 可以看出，Twitter 数据集、DBLP 数据集以及安然数据集的相对误差比电话数据集和道路数据集的相对误差要大。原因在于 DBLP、Twitter 以及安然数据集有更大的点数与边数之比，这使得更多的拥有不同端点的边被哈希映射到相同的矩阵元，因此导致更高的相对误差。对于安然数据集，实验使用邮件主题作为边标签，虽然这一数据集中边标签的数量很多，但实验只将 c 设为 20 来节省计算时间。当 c 设为 100 时，相对误差同样会显著减小。

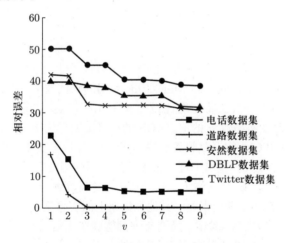

图 5.7　考虑边标签的点查询（改变 v）

接下来，将 v 固定为 9 并改变压缩比，结果显示在图 5.8 中。可以看出，随着压缩比上升，相对误差下降。这是因为当压缩比较大时，哈希值范围更广，会产生更少的哈希冲突。在这一组实验中，所有的查询都能够在 0.1 s 之内被应答，即使对于像 Twitter 这样的大数据集也是如此，而使用原始图数据流中的数据进行的查询应答可能需要几分钟的应答时间。流模式下 LGS 的性能与实验中类似，因此没有在图中显示。同时，在流模式情境下，对于同样高的准确度，使用略图所需的存储空间比存储完整的原始图数据流窗口要小得多。因此，LGS 方法不仅能够对查询进行快速应答，同时节省了大量的存储空间，并保持了较高的查询准确度。

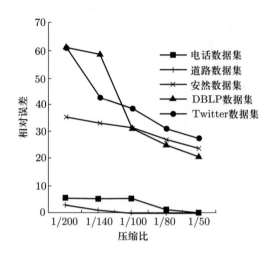

图 5.8　考虑边标签的点查询（改变压缩比）

3. 边查询

接下来，对 LGS 和 TCM 在两点间聚合边查询的性能进行实验，查询类似安然数据集中获取 Mark Taylor 和 Mark Elliott 间的邮件数量。图 5.9 显示了电话数据集的边查询结果。实验将压缩比设为 $1/100$，计算相应的 $wdwd$ 以及 ε。在这一组实验中，改变略图数 v 的值。LGS 的准确度明显优于 TCM 的准确度，此外 LGS 的误差比 TCM 的误差收敛更快。图 5.10 显示了安然数据集的实验结果。当 v 较小时，误差较大，超出了理论误差。这是因为当 v 较小时，实际误差比理论误差小的概率较小，随着 v 增大，这一概率迅速升高；当 v 大于 3 时，LGS 和 TCM 的实际误差都小于理论误差。其他数据集上的实验显示了类似的结果，因此在图中没有显示。在这组实验中，所有查询都能够在 1 ms 内被应答，而在原始图数据上进行查询时，查询应答时间需要几秒钟。

接下来，对 LGS 中考虑边标签的聚合边查询进行实验，查询类似安然数据集中获取 Mark Taylor 和 Mark Elliott 之间邮件主题为 salary 的邮件数量。在这组实验中，也加入了两类点之间的聚合边查询，查询类似安然数据集中获取经理和会计间邮件主题为 P&G update 的邮件数量，结果以安然节点显示在图 5.11 和图 5.12 中。在图 5.11 中，压缩比设为 $1/100$。可以看出，一些数据集产生了非常大的相对误差，这是由于这些数据集的点数/边数比较高，而实际结果非常小，因此非常少的哈希冲突就会导致非常大的相对误差。接下来，将 v 固定为 9，并改变压缩比，结果显示在图 5.12 中。如预想一样，随着压缩比变大，相对误差减小，并且相对误差收敛很快。数据流以及非数据流场景下的准确度结果类似。所有的查询

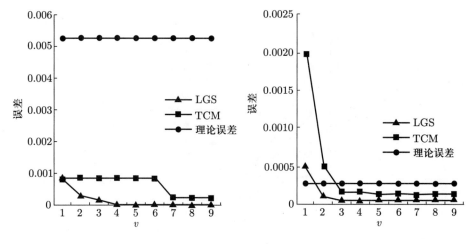

图 5.9　电话数据集边查询（改变 v）　　　　图 5.10　安然数据集边查询（改变 v）

能够在 1 s 内被应答，而在原始图数据流中，查询应答需要十几秒到几分钟。

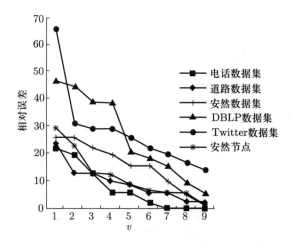

图 5.11　考虑边标签的边查询（改变 v）

4. 路径可达查询

接下来，进行路径可达查询实验。在这组实验中，对于每一个数据集，随机选取 100 对顶点，准确度由这 100 对顶点的结果进行衡量。实验展示了 LGS 路径可达查询的准确度结果。将压缩比固定为 1/100，并改变 v 的值，结果显示在图 5.13 中。对于道路网络数据，结果的准确度始终是 1，这是因为道路网络数据是一个连通图，而 LGS 只可能出现错误肯定而不会出现错误否定。换句话说，如果在原始

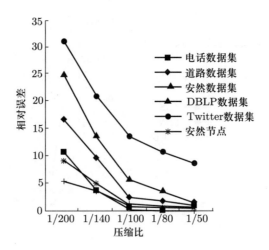

图 5.12　考虑边标签的边查询（改变压缩比）

图中两点之间有可达路径，则 LGS 永远都会认为这两点之间有可达路径。对于其他数据集，点数与边数之比较低的数据集上的准确度更好。随着 v 的增加，准确度也有所增加。接下来，将 v 固定为 9，并改变压缩比的大小，结果显示在图 5.14中。能够看到随着压缩比的增大，由于有了更大的存储空间，哈希冲突更少，准确度也有所提升。

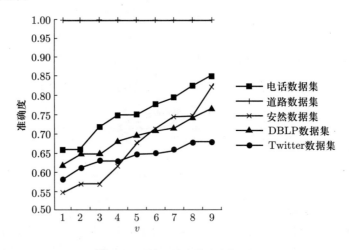

图 5.13　路径可达查询（改变 v）

图 5.15 和图 5.16 显示了 LGS 和 TCM 对于除道路数据之外的其他 4 个数据集上的路径可达查询的实验结果（由于道路数据集是连通图，其上的实验结果没

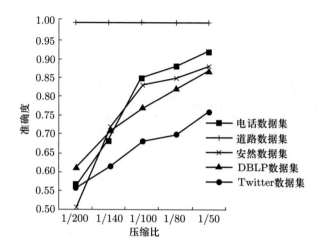

图 5.14　路径可达查询（改变压缩比）

有参考性）。压缩比设为 1/100。与前面的实验结果相似，LGS 比 TCM 有着更好的准确性，查询应答时间比原始图数据流上的查询少得多。

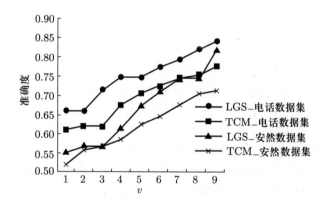

图 5.15　电话数据集和安然数据集路径可达查询

5.4.3　实验总结

从实验结果可以看出，LGS 能够支持多种不同类型的查询，包括聚合点查询、聚合边查询（基于两点或两种类型点）以及路径可达查询。LGS 的准确度比 TCM 要好。TCM 支持的所有查询在 LGS 中也被支持，并且 LGS 适用于流数据场景，

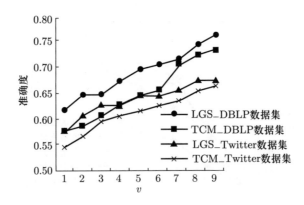

图 5.16   DBLP 数据集和 Twitter 数据集路径可达查询

对于高度动态图表现很好。使用本章介绍的略图，查询能够很快地被应答，比基于原始图数据流的查询应答快得多。

5.5 相 关 工 作

本章针对有标签的图数据流在滑动窗口中的略图存储与查询进行了介绍，同时介绍了许多其他略图存储以及图压缩方面的相关工作。对这些研究感兴趣的读者可参阅相关工作，进一步开展学习研究。

之前一些关于图数据略图的工作能够维护随机的线性映射，目的是为了从略图中推断出输入的相关属性，并在一个小空间中保存略图。针对这一方面的工作，[11] 是一篇很好的调查报告。然而，在这些工作中，每一项研究只针对一个特定的问题，例如找到图中的生成森林、测试 k 连通性、最小割以及稀疏化等。因此，这些研究中的每一项只需要保留解决一个特殊问题的小部分数据特征即可。而且，这些工作无法处理标签图，[12–17] 都属于这一类别。

其他一些略图工作采用了对数据的线性映射，试图通过使用最小计数略图（CountMin sketch, CMS）[2] 来保留数据的显著特征。最小计数略图方法起源于对普通数据流的总结，gSketch [18] 将其扩展为支持图数据流，它将每条边看做一个拥有唯一标识符的数据项并使用 CMS。gMatrix [19] 和 TCM [1] 都使用了三维略图，与将图中的边集合视为数据项集合并将每条边映射到一维空间不同，gMatrix 和 TCM 使用哈希函数，将图中的顶点集映射到整数范围 [1...w] 内。但是，这两种方法也无法处理顶点和边带标签的标签图，并且，这两种方法无法自动处理滑动窗口中边的失效。TCM [1] 是与本章介绍的研究问题相关的最新的方法，本章实验部分与 TCM 进行了比较。

其他的图压缩及总结工作包括 [20]，这一研究提出了一个保存查询的图压缩算法，特别针对路径可达查询以及有界仿真模式匹配查询，但是这一方法需要提前知道整体图数据。另一方法 TimeCrunch [21] 可通过总结动态图中较重要的临时结构，来找到与直觉一致的模式。其他相关工作还包括 [22–24]。关于图查询的研究工作包括可达查询 [25–29]、图模式匹配查询 [30–35] 以及前 k 项模式查询 [36–39]。如第 5.2 节和第 5.3 节所述，本章所介绍的略图方法可以作为一个黑盒使用，并支持如上提到的大部分算法。

5.6　本　章　小　结

本章通过查询应答中的例子讨论了聚合点查询、聚合边查询、基于标签的聚合点及边查询、路径可达查询以及其他标签图数据流上通用图查询的应用场景。本章也说明了为何在数据流应用场景下，对于数据项失效的自动处理十分重要。特别地，本章使用了滑动窗口模型。由于在大数据时代，应用数据量十分庞大，数据产生速率非常快，使用亚线性的存储空间来支持一组不同的通用图查询是十分重要的。本章的分析和实验部分探索了准确度和效率之间的权衡。本章介绍了一个新的略图方法，只使用亚线性存储空间，同时支持标签图上的多种查询。本章为聚合点及边查询以及基于标签的聚合点及边查询提供了算法。本章也证明了所介绍的略图方法可以作为其他图算法的一个黑盒使用。在此基础上，本章还讨论了略图如何支持路径可达查询。实验部分将本章所介绍的方法与目前最新研究方法进行了比较，并证明了本章方法的优越性。

参　考　文　献

[1]　Tang N, Chen Q, Mitra P. Graph stream summarization: From big bang to big crunch [C]. Proceedings of the 2016 International Conference on Management of Data, San Francisco. New York: ACM, 2016：1481-1496.

[2]　Cormode G, Muthukrishnan S. An improved data stream summary: The count-min sketch and its applications [J]. Journal of Algorithms, 2005, 55: 58-75.

[3]　CRAWDAD 电话网络数据集 [DB].

[4]　Hongkong Real-time Traffic Data [DB/OL].

[5]　DBLP 官方数据集 [DB].

[6]　Ley M. DBLP—some lessons learned [J]. Proceedings of the VLDB Endowment, 2009, 2(2): 1493-1500.

[7] Demaine E, Hajiaghayi M T. BigDND: Big Dynamic Network Data—DBLP coau-thorship data [DB].

[8] Twitter 开发者平台: Twitter API [EB].

[9] twitter4j Java API [EB].

[10] 安然公司邮件数据集 [DB].

[11] McGregor A. Graph stream algorithms: A survey [J]. ACM SIGMOD Record, 2014, 43: 9-20.

[12] Ahn K J, Guha S, McGregor A. Graph sketches: Sparsification, spanners, and sub-graphs [C]. Proceedings of the 31st ACM SIGMOD-SIGACT-SIGAI Symposium on Principles of Database Systems, Scottsdale. New York: ACM, 2012: 5-14.

[13] Ahn K J, Guha S, McGregor A. Spectral sparsification in dynamic graph streams [C]. International Workshop on Randomization and Approximation Techniques in Computer Science, Berkeley. Berlin: Springer, 2013: 1-10.

[14] Fung W S, Hariharan R, Harvey N J, et al. A general framework for graph sparsification [C]. Proceedings of the 43rd annual ACM Symposium on Theory of Computing, San Jose. New York: ACM, 2011: 71-80.

[15] Jowhari H, Saglam M, Tardos G. Tight bounds for lp samplers, finding duplicates in streams, and related problems [C]. Proceedings of the 30th ACM SIGMOD-SIGACT-SIGART Symposium on Principles of Database Systems, Athens. New York: ACM, 2011: 49-58.

[16] Kapron B M, King V, Mountjoy B. Dynamic graph connectivity in polylogarith-mic worst case time [C]. Proceedings of the 24th Annual ACM-SIAM Symposium on Discrete Algorithms, New Orleans: Society for Industrial and Applied Mathe-matics, 2013: 1131-1142.

[17] Spielman D A, Srivastava N. Graph sparsification by effective resistances [J]. SIAM Journal on Computing, 2011, 40: 1913-1926.

[18] Zhao P, Aggarwal C C, Wang M. gSketch: On query estimation in graph streams [J]. Proceedings of the VLDB Endowment, 2011, 5(3): 193-204.

[19] Khan A, Aggarwal C. Query-friendly compression of graph streams [C]. Pro-ceedings of the 2016 IEEE/ACM International Conference on Advances in Social Networks Analysis and Mining, Davis. New York: ACM, 2016: 130-137.

[20] Fan W, Li J, Wang X, et al. Query preserving graph compression [C]. Proceedings of the 2012 ACM SIGMOD International Conference on Management of Data, Scottsdale. New York: ACM, 2012: 157-168.

[21] Shah N, Koutra D, Zou T, et al. TimeCrunch: Interpretable dynamic graph summarization [C]. Proceedings of the 21th ACM SIGKDD International Conference on Knowledge Discovery and Data Mining, Sydney. New York: ACM, 2015: 1055-1064.

[22] Cebiric S, Goasdoue F, Manolescu I. Query-oriented summarization of RDF graphs [J]. Proceedings of the VLDB Endowment, 2015, 8(12): 2012-2015.

[23] Shi L, Sun S, Xuan Y, et al. TOPIC: Toward perfect influence graph summarization [C]. IEEE 32nd International Conference on Data Engineering, Helsinki. Washington D. C.: IEEE Computer Society, 2016: 1075-1085.

[24] Maneth S, Peternek F. Compressing graphs by grammars [C]. IEEE 32nd International Conference on Data Engineering, Helsinki. Washington D. C.: IEEE Computer Society, 2016: 109-120.

[25] Veloso R R, Cerf L, Meira W J, et al. Reachability queries in very large graphs: A fast refined online search approach [C]. 17th International Conference on Extending Database Technology, Athens. New York: ACM, 2014: 511-522.

[26] Jin R, Xiang Y, Ruan N, et al. Efficiently answering reachability queries on very large directed graphs [C]. Proceedings of the 2008 ACM SIGMOD International Conference on Management of Data, Vancouver. New York: ACM, 2008: 595-608.

[27] Jin R, Hong H, Wang H, et al. Computing label-constraint reachability in graph databases [C]. Proceedings of the 2010 ACM SIGMOD International Conference on Management of Data, Indianapolis. New York: ACM, 2010: 123-134.

[28] Cheng J, Huang S, Wu H, et al. TF-label: a topological-folding labeling scheme for reachability querying in a large graph [C]. Proceedings of the 2013 ACM SIGMOD International Conference on Management of Data, New York. New York: ACM, 2013: 193-204.

[29] Zhu A D, Lin W, Wang S, et al. Reachability queries on large dynamic graphs: A total order approach [C]. Proceedings of the 2014 ACM SIGMOD International Conference on Management of Data, Snowbird. New York: ACM, 2014: 1323-1334.

[30] Choudhury S, Holder L, Chin G, et al. A selectivity based approach to continuous pattern detection in streaming graphs [C]. 18th International Conference on Extending Database Technology, Brussels. New York: ACM, 2015: 157-168.

[31] Kazemi E, Hassani S H, Grossglauser M. Growing a graph matching from a handful of seeds [J]. Proceedings of the VLDB Endowment, 2015, 8(10): 1010-1021.

[32] Kim J, Shin H, Han W, et al. Taming subgraph isomorphism for RDF query processing [J]. Proceedings of the VLDB Endowment, 2015, 8(11): 1238-1249.

[33] Barcelo P, Libkin L, Reutter J. Querying graph patterns [C]. Proceedings of the 30th ACM SIGMOD-SIGACT-SIGART Symposium on Principles of Database Systems, Athens. New York: ACM, 2011: 199-210.

[34] Song C, Ge T, Chen C, et al. Event pattern matching over graph streams [J]. Proceedings of the VLDB Endowment, 2014, 8(4): 413-424.

[35] Pavan A, Tangwongsan K, Tirthapura S, et al. Counting and sampling triangles from a graph stream [J]. Proceedings of the VLDB Endowment, 2013, 6(14): 1870-1881.

[36] Cheng J, Zeng X, Yu J X. Top-k graph pattern matching over large graphs [C]. IEEE 29th International Conference on Data Engineering, Brisbane. Washington D. C.: IEEE Computer Society, 2013: 1033-1044.

[37] Gupta M, Gao J, Yan X, et al. Top-k interesting subgraph discovery in information networks [C]. IEEE 30th International Conference on Data Engineering, Chicago. Washington D. C.: IEEE Computer Society, 2014: 820-831.

[38] Yang Z, Fu A W, Liu R. Diversified top–k subgraph querying in a large graph [C]. Proceedings of the 2016 International Conference on Management of Data, San Francisco. New York: ACM, 2016: 1167-1182.

[39] Fan W, Wang X, Wu Y. Diversified top–k graph pattern matching [J]. Proceedings of the VLDB Endowment, 2013, 6(13): 1510-1521.

第 6 章　数据流实时查询时间分配

在前面的章节中，根据时间序列及数据流模型的复杂程度，针对不同模型上的事件匹配问题进行了介绍。然而，对于数据流上的数据处理，当在规定时间内无法满足准确查询时，近似查询成为非常通用的一种方法。当大量查询来临时，如何为它们分配处理时间以满足所有查询的应答时间及应答准确度要求，是优化流数据服务系统性能的一个非常重要的问题。

作为对流数据处理问题的补充，本章首先对于包含可更新应答及应答截止时间的随时查询问题进行描述。对于这种查询，传统的查询运行计划扩展为增加了时间组件的查询。之后关注如何为可能在任意时刻到达的多个动态查询的查询计划决定这一时间组件，来最大化服务质量并满足所需属性。本章介绍了两种查询优化模型：一种是离线阶段性优化（offline periodic optimization，PO），一种是在线优化（online optimization，OO），分别属于离线算法和在线算法 [1]。

与服务质量相关，本章考虑两种类型的应用：应用中的查询是带权的以及应用中的查询是无权的。如果查询是无权的，则公平性是一个优化原则，同时要最大化地利用可用计算资源。通过将查询时间转化为图的方式，本章设计了一个高效的 PO 算法，这一算法能够在图上增量运行。对于 OO 问题，本章也提供了一个随机算法，并在竞争分析 [1-4] 中证明了它在平均情况中最优。

如果查询是带权的，在系统有额外计算资源来支持查询时，最大化所得权重；在系统资源不足时（称为查询剥离），最小化丢弃的权重。这一问题转化为线性规划和整数规划问题 [5]。之后本章对于查询剥离问题介绍了两个近似算法：第一个算法将问题转化为多重集多重覆盖问题 [6]，第二个算法将问题与背包问题 [7] 关联，并设计了一个解决方案。相应地，本章提供了一个简单高效的在线优化算法并进行了竞争分析。

最后，本章使用真实数据集进行了全面的系统实验。

6.1 准备知识及问题描述

6.1.1 准备知识

蒙特卡罗（Monte Carlo）查询处理算法（MCA）的基本思想如下：查询计算在多个轮次中进行；在每一个轮次中，对于每一个随机变量，如说明不确定元组存在性的变量或说明一个元组中不确定属性分布的变量，获取一个确定的样本。之后在确定性元组以及样本中的值上进行查询，并为每一个轮次得到一个确定性结果。最后，将多个轮次中的确定性结果合成到一起，形成对于原始查询的概率分布结果。更多内容可参考 [8]。

随时算法 [9] 是一个在结束之前任意时刻被打断，都能够返回一个有效解的算法。期望算法运行时间越长，则能够返回越好的查询结果。因此，如上所述的 MCA 是随时算法的一个例子。当只运行一小部分轮次时，仍然能够从中合成结果并得到一个近似答案。算法运行的轮次越多，就能够得到越精确的结果。

在线算法是一个接收和处理部分输入的算法，与一次性接收全部输入的离线算法 [1] 相对应。在一个典型情境中，在线算法会接收针对服务的一系列请求，它需要在接收下一个请求之前处理之前的请求。在处理每一个请求时，算法有多个可选项，其中每一个可选项都与一个代价相关。在每个步骤选择的可选项可能会影响未来请求的可选项代价。一个经典的例子是缓冲区管理中在线分页问题，其中一个内存有 k 页容量，页访问请求实时到达，在线算法需要在不知道未来请求的前提下，如果内存已满，需要决定移除内存中的哪个页进行替换。本章介绍的在线优化算法将在不知道未来查询的到达时间以及截止时间的前提下，决定如何为每个查询分配有限的运行时间资源。

衡量一个在线算法性能的标准方法称为竞争分析，是将其一系列请求上的性能如总代价，与为同序列请求提供服务的离线算法进行比较 [1]。由于离线算法提前知道整个请求序列，从而能够相应地提供服务，离线算法提供的是一种最好的可能。

6.1.2 实时随时查询以及服务质量

这里考虑在内存数据库或数据流上，在多核处理器上进行的查询处理。如果一个查询 Q 在各个核上的运行时间总和为 t，则其核运行时间称为 t。

定义 6.1 （多应答随时查询） 一个多应答随时查询 Q 由以下部分组成：
（1）提交时间 t_0（即查询提交的时间），（2）开始运行时间 d_0，（3）β 个截止时

间 $d_1 < d_2 < ... < d_\beta$，以及（4）$\beta$ 个最少核运行时间 $\tau_1, ..., \tau_\beta$ 序列。对于每一个 $1 \leqslant i \leqslant \beta$，系统需要在时间 d_{i-1} 和 d_i 内为查询 Q 分配最少 τ_i 的核运行时间，并增量地将查询结果返回 Q。$\beta = 1$ 时，可将 Q 称为随时查询，将时间区间 $[d_0, d_1]$ 称为 Q 的生存期。最小核运行时间 τ_1 也称为 Q 的基本时间，超过 τ_1 的核运行时间称为奖励时间。

例 6.1 用户可能会为他的查询设定 3 个截止时间：1 min、3 min 以及 5 min，并要求在每个截止时间之前，系统需要运行至少 50 个轮次的 MCA，并返回一个置信区间；或相反，用户指定置信区间，系统将其转换为所需的 MCA 轮次。查询优化器将对最少核运行时间 τ_1，τ_2 以及 τ_3 进行估计。截止时间为用户提供了合理的检查点，让用户检查到现在为止的查询结果，而无需等待太长时间。当用户发现在某些截止时间（如 1 min）时返回的查询结果已经能够满足需求，可以取消后续的查询及截止时间。

容易看出，一个多应答随时查询 Q 能够被分解为 β 个起始时间为 d_{i-1}、截止时间为 d_i、最小核运行时间为 τ_i 的随时查询 Q_i（$1 \leqslant i \leqslant \beta$），而这些查询与原始查询有着相同的提交时间 t_0。因此，从现在起，只考虑一次应答随时查询，可以为传统的查询运行计划增加一个时间组件，用于说明查询什么时候开始执行，以及执行多久。查询优化器用于决定这一时间组件，并考虑到所有可能在不同时刻到达的查询。

对于服务质量（QoS），每个查询需要至少被分配最小核运行时间，表示了用户对于结果置信的最小期望。查询优化器帮助给出这一信息。例如，对于 MCA，基于已经完善的运行轮次研究以及结果置信之间的联系（如 [10–12]），对于确定的结果置信，要求至少运行 α 个轮次（如 $\alpha = 30$），然后根据一个轮次所需的运行时间估计，查询优化器计算出最小核运行时间。在此基础上，为了达到服务质量，以下列举了一些需要的属性或性质。当查询优化器将查询运行计划中的时间组件时，需要考虑这些属性。

属性 6.1 （满足截止时间）如果存在一个运行计划，能够满足所有查询的截止时间，则系统应该使用该计划。

属性 6.2 （充分利用）在任意时刻 t，所有的核都应该被充分利用，除非在该时刻没有查询正在运行。

如果所有截止时间都能够被满足，为了充分利用所有核，需要决定在查询的最小运行时间基础上，额外运行多长时间，来得到一个置信度更高的结果。否则，将进行查询剥离。

考虑两种情况：无权查询以及带权查询。在一些应用中，所有查询都同样重要，则无需为这些查询赋权。在另外一些应用中，查询是分优先级的，并且有着不同的权重。例如，对于分解为 β 个查询的多应答查询，第一个查询可能比其他查询有着更高的权重，因为为用户返回一个可靠的初始查询更加重要。可以假设这些权重选自一组正整数集合 $\{w_1, w_2, ..., w_c\}$。

属性 6.3 （公平性）对于无权随时查询，考虑其中任意两个查询 Q_i 和 Q_j，其最小核运行时间分别为 τ_i 和 τ_j。令它们由系统分配的实际核运行时间为 $\tau_i(1+\delta_i)$ 以及 $\tau_j(1+\delta_j)$。则尽可能要求 $\delta_i = \delta_j$；出现 $\delta_i \neq \delta_j$ 的情况是系统需要为一个查询分配更多的时间来实现对核的充分利用。

例 6.2 考虑图 6.1 中的两个查询 Q_1 和 Q_2。Q_1 的运行起始时间是 0，截止时间是 2；Q_2 的生存期是从 1 到 3。假设系统有两个核。假设 Q_1 的基本时间是 $\tau_1 = 2$，Q_2 的基本时间是 $\tau_2 = 1$。则很容易证明 $\delta_1 = \delta_2 = 1$，确保了公平性以及在时间 0 到 3 之间两个核都被充分利用。

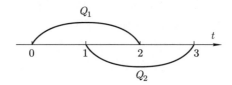

图 6.1 对于所需性质属性 6.2 和属性 6.3 的说明

另一方面，如果有 $\tau_1 = 2.5$ 以及 $\tau_2 = 0.5$，则 $\delta_1 = \delta_2 = 0.6$，使 Q_1 所在的区间饱和，因为 $\tau_1(1+\delta_1) = 4$ 占满了这一区间。然而，从 0 到 3 的区间总工作量为 $\tau_1(1+\delta_1) + \tau_2(1+\delta_2) = 4.8$，小于区间 0 到 3 的最大容量 6。也就是说，在时间 2 到 3 之间，核并没有被充分利用。可以使用 $\delta_1 = 0.6$ 以及 $\delta_2 = 3$ 来充分利用所有核。

对于带权查询，简单来说，一个权重更大的查询应该分配更多的时间，来得到一个置信更高的结果。如果对于一个权重为 w，基本时间为 τ 的查询 Q，系统分配了 $\tau(1+\delta)$（其中 $\delta \geqslant -1$）的时间给 Q，则称系统从查询 Q 得到了权重 $w(1+\delta)$。

属性 6.4 （最大权重）对于带权随时查询，系统需要最大化其从查询中获得的总权重。

对于无权查询和带权查询，如果所有的查询截止时间都能够被满足，则只需要扩展查询运行时间（即对于核运行时间 $\tau(1+\delta)$，$\delta \geqslant 0$）；否则，一些查询的核运行时间将会被减少为小于它的基本时间 τ（称为查询剥离），可以通过两种方式来实现：（1）允许部分时间减少，即核运行时间 $\tau(1+\delta)$ 中，$-1 \leqslant \delta < 0$；或者（2）只允许整体剥离，即如果 $\delta < 0$，则 $\delta = -1$。当查询的结果不满足最小置信期望时，查询就被整体丢弃，这种时候应使用整体剥离。

6.1.3 查询优化模式

在离线阶段性优化（PO）下，系统阶段性地对一组查询进行优化，来决定它们执行计划的时间组件。可以将整个时间线划分为长度为 T 的区间，并将每个区间称为一个时期（epoch）。系统一次决定一个时期的查询运行时间。在每个时期之前，有一个 ε 值表示这一时期的前置时间（lead time）；所有在这一时期内规划运行的查询，其提交时间至少需要在时期开始前 ε。这使得调度更加容易，因为时期中的所有查询都已经提前获知。例如，有 $T = 5$ min 以及 $\varepsilon = 30$ s，因此每 5 min（一个时期），系统会在时期开始前 30 s 对这一时期中的所有查询进行调度，如图 6.2 所示。

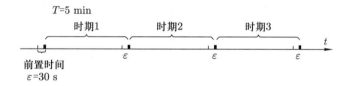

图 6.2　离线阶段性优化中的时期和前置时间

然而，在在线优化中，系统无法阶段性地对查询的时间组件进行优化。一个查询的提交时间可以与其开始执行时间相同。系统需要在不知道未来查询的情况下即时地调度查询执行。因此，在线优化对于用户的约束条件较少，但是优化难度较大。

注意到，在离线阶段性优化中，一个查询 Q 可能跨越两个时期 e_1 和 e_2（如执行开始时间接近于 e_1 的末期，而截止时间在 e_2 的开始时间附近）。令 Q 的生存期长度为 $l = l_1 + l_2$，其中 l_1 表示在 e_1 中的生存期长度，l_2 表示在 e_2 中的生存期长度。在这种情况下，只需要将 Q 分解为两个查询 Q_1 和 Q_2，e_1 中的生存期长度为 l_1，e_2 中的生存期长度为 l_2，最小核运行时间 τ 按比例地划分到 Q_1 和 Q_2 中，$\tau_1 = \dfrac{l_1}{\tau}$，$\tau_2 = \dfrac{l_2}{\tau}$。

时间优化算法是在每个时期末尾即在下一时期前置时间内安排的一个工作。可以看出，优化算法需要十分高效，并且相比于主查询处理，只占据很少的处理时间。时间优化算法维护一个工作队列 $\mathcal{Q}$，$\mathcal{Q}$ 中的每一个元素被称为一个工作件。

对于在线优化来说，一个工作件是一小段基于核运行时间的查询处理工作。当一个核可用时，系统会将 Q 中的第一个工作件移出队列，并将其分配给这个可用核。因此，当一个工作件很小时，一个查询的多个工作件可以同时在多个核上运行。一旦一个工作件被移出队列并开始在核上运行，系统就不能够取消对其的运行。对于离线阶段性优化，由于优化算法提前知道时期中的所有查询，工作件的大小可以被相应地决定。

6.2 无权查询的优化

对于无权查询的服务质量，需要考虑属性 6.1、属性 6.2 以及属性 6.3。

6.2.1 离线阶段性优化

在离线阶段性优化模式下，在一个时期中，可以得到一组随时查询 $\{Q_1, Q_2, ..., Q_n\}$，其中 Q_i 的开始执行时间为 q_i，截止时间为 d_i，基本时间为 τ_i（$1 \leqslant i \leqslant n$）。假设系统对于处理查询有 k 个可用核。

定义 6.2 （引导，覆盖） 如果 $q_i < q_j < d_i < d_j$，则称查询 Q_i 引导查询 Q_j。如果 $q_i \leqslant q_j$ 并且 $d_i \geqslant d_j$，称查询 Q_i 覆盖查询 Q_j。

引导和覆盖是两个查询生存期发生重叠仅有的两种关系类型。

例 6.3 图 6.3（a）中有 3 个查询 Q_1，Q_2 以及 Q_3，各个查询的基本时间在括号中给出（例如 Q_1 的基本时间是 0.2 s）。则有 Q_1 引导 Q_2（因为 $0 < 1 < 2 < 3$），但是 Q_1 没有引导 Q_3，以及 Q_2 覆盖 Q_3。

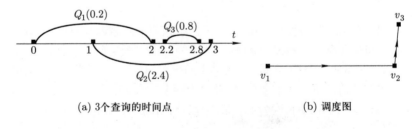

(a) 3 个查询的时间点   (b) 调度图

图 6.3　3 个查询及相应调度图

首先将查询的时间关系映射到一个有向图上，这一有向图称为调度图。这是一类特殊的有向图，因其有两种类型的有向边（类型 I 和类型 II）。每一个查询 Q_i 与图 G 上的一个顶点 v_i 相对应。如果查询 Q_i 的生存期长度为 l_i，则称顶点 v_i 的

大小为 l_i，并且 v_i 的负载为查询 Q_i 的基本时间 τ_i。如果 Q_i 引导或覆盖 Q_j，则有一条从 v_i 到 v_j 的类型 I 或类型 II 的边。对于一条从 v_i 到 v_j 的类型 I 边 e_{ij}，称其长度为 $d_i - q_j$，即 Q_i 和 Q_j 生存期重合部分的长度，表示为 $L(v_i, v_j)$。

例 6.4 图 6.3（a）中的查询与图 6.3（b）中的图相对应。图 6.3（b）中单箭头边表示类型 I 边，双箭头边表示类型 II 边。边 $e_{1,2}$ 的长度 $L(v_1, v_2) = 1$，即 Q_1 和 Q_2 生存期重合部分的长度。顶点 v_1 大小为 2，负载为 0.2。

定义 6.3 （闭包）一个顶点 v 的闭包 v^+，是一个包含 v 以及所有从 v 能够通过类型 II 边抵达的顶点的集合。一组顶点 V 的闭包集 V^+，是所有 $v \in V$ 的闭包的并集。v^+ 的负载，表示为 $load(v^+)$，是 v^+ 中所有顶点负载的和。

在图 6.3（b）中，$v_2^+ = \{v_2, v_3\}$，$\{v_1, v_2\}^+ = \{v_1, v_2, v_3\}$。

定义 6.4 （路径）调度图 G 中一条到顶点 v 的路径（通过类型 I 边）是一个 4 元组（$v_{\text{first}}, v_{\text{prev}}, l, f$），其中 v_{first} 是路径中的第一个顶点，v_{prev} 是路径中顶点 v 的前一个顶点，l 是路径的长度，f 是负载因子。$P[v]$ 表示到顶点 v 的路径的集合。

简单来说，一条路径与一个或多个查询的时间区间相对应。路径的长度 l 与时间区间乘以核数量 k 的乘积相对应，负载因子 f 是区间内基本时间的总和除以 l。因此，l 是一个区间的总容量（核运行时间），f 是 l 中用于基本工作的部分。

问题的关键如下：找到负载最重的时间区间，为其中每一个查询 Q_i 分配相同的 δ_i（所有查询中最小）。当 $\delta_i < 0$ 时，这是一个部分减少。负载最重的时间区间与路径中有最大负载因子的路径（类型 I 边）相对应。为了找到这样一条路径，算法在每一顶点通过将父节点处的路径再扩展一条边的形式，增量地建立路径信息。一旦为有最大负载因子的路径确定 δ_i，则从余下的顶点中重复地寻找负载最重的边，直到所有顶点的 δ_i 都被确定。

算法 6.1 处理无权查询的离线阶段性优化，其中 *decided* 集合包括了被确定的点（即 δ_i 已经被确定）。在第 2 行，子图 G_1 只包括类型 I 边。在算法 6.1 的每一次循环中（第 3—23 行），找到有最大负载因子 $f_{\max}$ 的路径，并确定这些路径的顶点 δ_i。算法第 5—11 行的循环为每个顶点创建一条边，与每个查询的生存期间相对应，被称为自边。算法第 12—21 行以拓扑排序遍历每一顶点。增量地，一个顶点处的路径从其父节点进行计算。算法第 18 行是一个重要的过滤步骤，减少在每一顶点处所维护的路径。算法第 19 行，在找到一条路径后，如果已经存在一条起始点相同的路径，只有当找到更好的路径才进行更新。对于一个相同的时间区间，有多条拥有相同起点和终点的路径，负载因子最大的路径包含所有的查询。

算法 6.1: PO-Unweighted (G)

Input: G：调度图，顶点集为 V

Output: 每个查询的核运行时间

1   decided $\leftarrow \varnothing$

2   $G_1 \leftarrow G$ 中由类型 I 边组成的子图

3   **while** $|decided| < |V|$ **do**

4      $f_{\max} = 0$

5   **foreach** G 中顶点 v **do**

6        $fixed = \sum\limits_{v_i \in v^+ \cap decided} \tau_i(1 + \delta_i)$

7        $si = k \cdot size(v) - fixed$

8        $f = \sum\limits_{v_i \in v^+ - decided} load(v_i)/si$

9   **if** $f > f_{\max}$ **then** $f_{\max} = f$

10       $p_0[v] \leftarrow (v, null, si, f)$ //只属于这一顶点的一条边

11       $P[v] \leftarrow \{p_0[v]\}$

12   **foreach** G_1 中以拓扑排序的顶点 v **do**

13   **foreach** $v_p \in parent(v)$ **do**

14   **foreach** $(v_s, v_{\text{prev}}, l, f) \in P[v_p]$ **do**

15           $(v, null, l_0, f_0) \leftarrow p_0[v]$

16           $l^* = l + l_0 - k \cdot L(v_p, v)$

17           $f^* = \dfrac{fl + f_0 l_0}{l^*}$

18   **if** $f^* < f_{\max}\left(1 - \dfrac{l_0}{l^*}\right)$ **then continue**

19   **if** $\exists (v_s, \_, \_, f') \in P[v] s.t. f' > f^*$ **then continue**

20           $P[v] \leftarrow P[v] \cup \{(v_s, v_{\text{prev}}, l^*, f^*)\}$

21   **if** $f^* > f_{\max}$ **then** $f_{\max} = f^*$

22   令 $\mathcal{V}$ 为路径上有 $f_{\max}$ 的所有顶点集合

23      $decided \leftarrow decided \cup \mathcal{V}^+$ 并且 $\forall v_i \in \mathcal{V}^+$, $\delta_i \leftarrow \dfrac{1}{f_{\max}} - 1$

24   返回 $decided$

例 6.5 考虑图 6.3 中的例子。算法第 5—11 行首先分别创建 v_1，v_2 和 v_3 的自边，与图 6.3（a）中 Q_1，Q_2 和 Q_3 自身的生存期相对应。例如，顶点 v_2 处的一条路径是 $(v_2, null, 4, 0.8)$，这一路径是从顶点 v_2 到其自身的，因此 v_{prev} 为空；路径的长度在算法第 7 行中被计算，负载因子在第 8 行被计算，之后算法第

12—21 行增量计算跨越多个顶点的"更长的"路径。例如，考虑从 v_1 到 v_2 的路径。在 v_2 处，路径计算是基于其父节点 v_1 以及 v_2 的自边的。新的路径 l^*（算法 16 行）的长度是这两条路径长度之和减去它们的重合部分，负载因子 f^* 在第 17 行。这一循环产生 $f_{\max}$（对应 v_2 处的自边）。因此，$v_2^+ = \{v_2, v_3\}$ 中的顶点在这一循环被决定，计算出 $\delta_2 = \delta_3$ 的数值（算法 23 行）。得到 Q_2 的核运行时间以及 Q_3 的核运行时间。总体来说，Q_2 和 Q_3 获得相同的扩展因子，Q_1 获得更大的扩展因子，使得核被充分利用。

定理 6.1 和定理 6.2 说明了算法的正确性。

定理 6.1 PO-UNWEIGHTED 算法第 18 行的过滤步骤是正确的。也就是，只有当 $f^* \geqslant f_{\max}\left(1 - \dfrac{l_0}{l^*}\right)$ 时，算法中到 v 的路径 $\pi = (v_{\text{first}}, v_{\text{prev}}, l^*, f^*)$ 才是有用的，其中 $f_{\max}$ 是到目前为止最大的负载因子，l_0 是 v 点自边的长度。

证明 只有当 $f^* \geqslant f_{\max}$ 或者 π 是未来路径 φ（负载因子 $f_\varphi \geqslant f_m$）的前缀时，算法中的 π 才是有用的，其中 f_m 是发现 φ 时的最大负载因子，因此 $f_m \geqslant f_{\max}$。第一种情况与定理相符，因此只需要考虑第二种情况。

可以将一条路径看成一个由类型 I 边所连接的顶点的序列。一条路径的前缀是基于这一序列的前缀。如图 6.4（将路径描述为时间区间）所示，令 φ 为 π 和另一条通过 v 的路径 (l_2, f_2)（忽略 4 元组中的前两个元素）的连接，重合的长度为 l_1。已知 $f_\varphi = \dfrac{f^* l^* + f_2 l_2}{l^* + l_2 - l_1} \geqslant f_m$，且 $l_1 \leqslant l_0$。将 l_1 替换为 l_0，得到 $f_\varphi = \dfrac{f^* l^* + f_2 l_2}{l^* + l_2 - l_0} \geqslant f_m$，且 $l_1 \leqslant l_0$。同样 $f_1 \leqslant f_m$ 也应为真。将 f_2 替换为 f_m，得到 $f_\varphi = \dfrac{f^* l^* + f_m l_2}{l^* + l_2 - l_0} \geqslant f_m$。将这一不等式简化，得到 $f^* \geqslant f_m\left(1 - \dfrac{l_0}{l^*}\right) \geqslant f_{\max}\left(1 - \dfrac{l_0}{l^*}\right)$，其中后一个不等式是因为 $f_m \geqslant f_{\max}$。

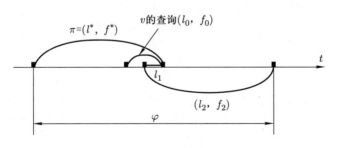

图 6.4 过滤条件的说明

算法第 18 行的过滤步骤被证明是非常重要的。本章将在实验部分展示，如果不使用过滤，当查询数量增多时，运行代价将特别高。

PO-UNWEIGHTED 算法为每个查询分配运行时间。时期中的实际运行调度基于如下简单的算法：运行活动的并且截止时间最早的查询，直到用完被分配的所有运行时间为止。接下来证明 PO-UNWEIGHTED 与这一简单算法相结合能够满足所需属性。

定理 6.2 PO-UNWEIGHTED 与上述查询调度算法相结合，能够满足属性 6.1、属性 6.2 及属性 6.3。

证明 对于属性 6.1，如果所有截止时间都能够被满足，那么在 PO-UNWEIGHTED 中找到的任意路径的总负载都不应超过路径长度。因此，$f_{max} \leqslant 1$。对于运行时间在不同的迭代轮次的层级扩展，确保了所有的截止时间约束都能够被满足。并且，最早的截止时间最早被调度确保了以下性质：给出每一查询的负载，如果在某一种调度下一些截止时间不能够被满足，则这些截止时间在任何调度下都应该无法被满足。这可以很容易地通过在截止时间顺序上的查询来显示。因此，属性 6.1 被满足。

对于属性 6.2，如果存在一个时间区间，在这一区间内 CPU 资源没有被充分利用，这一时间区间将与 PO-UNWEIGHTED 算法中的一些路径相对应，则算法将会对这一路径或区间上没有被确定的查询进行扩展，使得总体核运行时间与路径容量一致。

对于属性 6.3，注意到如果两个查询在同一次迭代即 PO-UNWEIGHTED 算法中的 while 循环中被扩展，则它们得到相同的扩展率 δ_i。一个查询没有在这一次迭代中被扩展的原因是，它将在之后的迭代中获得更大的扩展率，来满足在与那一条路径相应的时间区间中对 CPU 资源进行充分利用。

在算法 PO-UNWEIGHTED 第 i 次迭代即第 i 次 while 循环中被确定的顶点称为属于约束层 i。因此，查询能够基于其约束层被划分。一个约束层的每一条路径与一个约束区间相对应，也就是覆盖这一路径上所有顶点所代表查询的最小时间区间。因此，处于一个约束区间同一约束层的查询有着相同的 δ_i 值。

6.2.2　在线优化及竞争分析

在在线优化（OO）模式下，只有当查询开始执行时系统才能看到查询。也就是说，系统不知道未来的查询会在什么时候到来，并对已有的完成调度的查询产生何种影响。因此，在线优化比离线优化更难。本章介绍的优化算法是基于事件的，希望能够最小化优化代价,系统在等待时不使用任何资源。考虑两个事件,$E1$:一个新的查询到达,$E2$:工作件队列 Q 为空。当 $E1$ 发生时,需要确保当前查询的所有基本时间是根据其截止时间的顺序排列在工作件队列的队头。当 $E2$ 发生时,需要为当前查询分配奖励时间。算法 6.2 分别对这两种事件进行了处理。

算法 6.2: OO-UNWEIGHTED

1 **while** true **do**
2   等待直到这两种事件发生:
3   **if** E1:一个新的查询 Q_i 到达(生命周期长度为 l_i)**then**
4   基于 Q_i 的基本事件,创建工作件 J_i
5   按查询截止时间顺序,将 J_i 插入队列 Q
6   **while** 某些截止时间无法被满足 **do**
7   从 Q 中均匀随机地去掉一个工作件
8   **if** E2:Q 为空 **then**
9   令 $p_j \propto \dfrac{\tau_j}{k \cdot l_j - \tau_j}$ 为 Q 被取样的概率
10   使用 p_i 从当前存活的查询中获取一个 Q_i
11   为 Q_i 创建一个工作件 J_i
12   将 J_i 加入 Q 的队尾

一个工作件是一小部分工作,使得一个查询能够同时在多核上运行。在算法 6.2 第 6 行,考虑每个截止时间之前查询的基本时间,则可以轻易判断当前查询的截止时间是否都能够被满足。算法第 9 行基于一个分布对查询随机取样,其中 p_j 与 $\dfrac{\tau_j}{k \cdot l_j - \tau_j}$ 成比例。归一化后,当前的每一个查询都有一个概率被选取分配奖励时间。算法中,k 是核的数量,l_j 和 τ_j 分别是查询 Q 的生存时间以及基本时间。接下来对算法进行分析。

定义 6.5 **(EFDO)** 如果一个优化算法总是按照截止时间的顺序来运行所有当前查询的基本时间部分,则这一优化算法属于按照截止时间顺序以基本时间优先排序(EFDO)类别。特别地,如果当系统在运行 Q_1 基本时间部分的时候有一个比 Q_1 截止时间更早的 Q_2 进入系统,则系统会暂停对 Q_1 的运行,而转去运行 Q_2 的基本时间部分。

算法第 5 行说明 OO-UNWEIGHTED 属于 EFDO 类别。

定理 6.3 一个 EFDO 优化算法能够实现属性 6.1。

证明 如果一个优化算法属于 EFDO，则要将任意进入序列的查询重新按照截止时间顺序排序为 $Q_1, Q_2, ...$。特别地，对于 Q_i，其基本时间部分的运行是在可能的最早时刻进行，只晚于 $Q_1, ..., Q_{i-1}$（为满足它们自身的截止时间要求）的基本时间部分工作之后。然而，那些有着比 Q_i 截止时间更早的查询必然要在 Q_i 的截止时间之前完成各自的工作，否则这些查询中的至少一个截止时间将无法被满足。因此，如果查询截止时间都能够被满足，则 EFDO 算法将永远满足所有截止时间，即实现属性 6.1。

OO-UNWEIGHTED 以及 PO-UNWEIGHTED 分别属于在线算法以及离线算法。研究在线算法性能的一个经典方法是竞争比 [1]，即在线算法最坏情况代价与离线算法代价之间的比。然而，这一方法在实用性和可用性方面产生了一系列问题 [1-4]。作为替代，平均情况分析成为一种支持的方法 [2, 3]。

平均情况分析中竞争者的输入是随机的，而在最坏情况分析中，竞争者具有完全能力，并能够选择任意确定的输入。例如，在快速排序的平均情况分析中，竞争者只能均匀随机地选择输入，即随机过程，而对于最坏情况分析，竞争者可以选择任意确定的输入顺序。

定义 6.6 （**平均情况最优**） 如果竞争者使用 $\mathcal{R}$ 来选择输入，一个在线算法 A 的期望性能与最佳离线算法相同，则称 A 是对于随机过程 $\mathcal{R}$ 在平均情况下最优的。

定理 6.4 对于以下随机过程 $\mathcal{R}$，OO-UNWEIGHTED 是平均情况最优：

（1）竞争者自己选择一组查询，每个查询有一个基本时间部分以及生存期长度。

（2）竞争者为每个查询选择一个约束区间。

（3）每一约束区间内的每个查询有一个均匀随机选自该区间的开始执行时间。

证明 首先考虑所有截止时间都能够被满足，OO-UNWEIGHTED 创建奖励工作件的情况。在离线算法中，一个查询的奖励时间与其在每一个约束区间的基本时间 τ_i 成比例（一个约束区间的查询有着相同的扩展率 δ）。分别考虑每个约束区间。接下来将证明一个查询的期望奖励时间同样与 τ_i 成比例。

考虑算法 OO-UNWEIGHTED 第 11 行在时间 t 所创建的工作件。令约束区间的长度为 l_c，则对于约束区间内的任意一个查询 Q_i，有

$$Pr[Q_i \text{ 在 } t \text{ 时可以获得奖励}] = \frac{l_i - \tau_i/k}{l_c}$$

这是因为查询在区间内均匀随机到达，并且 τ_i/k 是其在 k 个核上的运行时间。因

此，这是 Q_i 在 t 时存活并且完成其基本时间工作的概率。由 OO-UNWEIGHTED 算法的第 9 行，有

$$Pr[Q_i获得奖励工作件] \propto \frac{l_i - \tau_i/k}{l_c} \cdot \frac{\tau_i}{k \cdot l_i - \tau_i} = \frac{\tau_i}{k \cdot l_c}$$

这里 Q_i 是约束区间内的任意一个查询。因此，一个查询的期望奖励时间同样与 τ_i 成比例。

如果某些截止时间不能够被满足，则算法的第 7 行会均匀随机丢弃队列中的一个工作件。由于每个工作件的大小相同，任意查询 Q_i 包含的工作件数量与 τ_i 也成比例，因此期望减少也与 τ_i 成比例。证明完成。

注意到可以将一个竞争者的能力划分为定理 6.4 中 $\mathcal{R}$ 的 3 个步骤。在步骤（1）和步骤（2）中竞争者有完全能力，只有步骤（3）是随机的。

6.3 带权查询的优化

6.3.1 离线阶段性优化

1. 查询扩展问题

考虑所有查询的截止时间都能够被满足的情况。此时可以有选择地增加多个查询的奖励时间，称为查询扩展（QA），目标是最大化查询为系统贡献的总权重，这里的约束条件是计算资源，同时希望属性 6.1、属性 6.2 以及属性 6.4 被满足。

存在 n 个查询 $Q_1, Q_2, ..., Q_n$，其中 Q_i 的权重为 w_i，基本时间为 τ_i，此时需要决定它们奖励时间的比率 $\delta_1, \delta_2, ..., \delta_n$，即对于查询 Q_i，核运行时间为 $(1+\delta_i)\tau_i$，使得在满足 CPU 核运行资源约束的情况下，增长的权重是最多的。对于调度图 G，由于所有截止时间都能够被满足，则对于任何路径 $\pi = (v_{\text{first}}, v_{\text{prev}}, l_\pi, f_\pi) \in G$，都应有 $f_\pi \leqslant 1$。在分配奖励时间后，这也应该成立。即

$$\text{最大化} \sum_{i=1}^{n} \delta_i w_i \quad \text{并满足} \quad \sum_{v_i \in \pi} \tau_i \delta_i \leqslant l_\pi(1 - f_\pi) \tag{6.1}$$

这里 $v_i \in \pi$ 表示 $v_i \in \mathcal{V}^+$ 中的每一个顶点，其中 $\mathcal{V}$ 是 π 中的顶点集。不等式（6.1）应该对于每条路径 π 都成立，此时需要最大化目标函数。可以通过解决这一线性规划问题 [5] 来获取 $\delta_1, \delta_2, ..., \delta_n$。

2. 查询减少问题

接下来考虑并非所有截止时间都能够被满足的情况。令调度图 G 中所有负载因子超过 1 的路径为 Π。解决如下优化问题：对任意 $1 \leqslant i \leqslant n$，$0 \leqslant \delta_i \leqslant 1$，最

小化 $\sum_{i=1}^{n} \delta_i w_i$，并满足

$$\sum_{v_i \in \pi} \tau_i \delta_i \geqslant l_\pi(f_\pi - 1) \tag{6.2}$$

不等式（6.2）是对于 $\pi = (v_{\text{first}}, v_{\text{prev}}, l_\pi, f_\pi) \in \Pi$ 的每一条路径，这一线性规划问题的解揭示了哪些查询应该在多大程度上减少其核运行时间，使其低于它们的基本时间。也就是说，对于一个 $\delta_i > 0$ 的查询，通过查询减少（QS）的过程，将其核运行时间变为 $(1 - \delta_i)\tau_i$。

在确定了这些查询的核运行时间后，可以如同 PO-UNWEIGHTED，将相对应的顶点设置为 *decided*，并考虑扩展其他查询来充分利用 CPU 核。可以通过解决查询扩展问题来决定其他查询的扩展率。

上述解决方案属于部分减少，一些应用需要整体减少，也就是说 δ_i 的取值只能为 0 或 1。这是一个整数规划问题 [5]，属于一个 NP 难问题，因此需要一个近似算法来解决。

3. 整体减少近似算法

这里介绍两个近似算法。与多重集多覆盖问题 [6] 类似，第一个算法是一个高效的贪婪算法，每次选择一个查询进行丢弃。基本思想是为每一个查询计算一个函数值，表示查询权重以及为满足约束条件而将这一查询丢弃所获得收益比。之后选择函数值最小的查询来丢弃。

在算法 6.3 第 8 行中，RHS_π 表示不等式（6.2）的右边，随着在第 14 行中移除查询，直到 Π 中的所有路径都被移除，RHS_π 值会逐渐减小。APPROX-QUERY-SHEDDING 的准确度证明见定理 6.5。

定理 6.5 令 k 为 APPROX-QUERY-SHEDDING 算法中第 4—12 行计算的所有查询 $Q_i \in \mathcal{Q}$ 的最大 $benefit_i$ 值，算法的近似比为 H_k（即第 k 个调和数）。

证明 一个整体减少问题能够被化简为一个多重集多覆盖（MM）问题。一个多重集多覆盖问题描述如下：首先得到一个包含元素的全集 $\mathcal{U}$，以及多重集的集合 $\mathcal{C}$，其中每个多重集包含元素 $e \in \mathcal{U}$，每个多重集 $S_i \in \mathcal{C}$ 有一个权重 w_i。目标是从 $\mathcal{C}$ 中选择几个权重最小的多重集，使元素 e 在这些多重集中出现最少 r_e 次。这里 $r_e \geqslant 0$，对于不同的元素取值可以不同。

可以使用如下方式令整体减少问题化简为多重集多覆盖问题。每一个查询对应一个多重集。对于每一个时间区间，不等式（6.2）对应于一个元素 e 在选定的多重集上出现次数的约束至少为 r_e，τ_i 对应于一个元素在集合 $\mathcal{C}$ 中多重集 i 中出现的次数。由于多重集多覆盖问题的贪婪算法的近似率为 H_k [6]，因此

算法 6.3: APPROX-QUERY-SHEDDING $(\mathcal{Q})$

Input: $\mathcal{Q}$: 查询集 $Q_1, Q_2, ..., Q_n$

Output: 丢弃的查询集

1   $\mathcal{R} \leftarrow \varnothing$

2   **while** $\mathcal{Q} \neq \varnothing$ 并且 $\Pi \neq \varnothing$ **do**

3      $best \leftarrow 0,\ cost \leftarrow \infty$

4   **foreach** $Q_i \in \mathcal{Q}$ **do**

5          $benefit_i \leftarrow 0$

6   **foreach** $\pi \in \Pi$ **do**

7              $m_\pi[i] \leftarrow (v_i \in \pi)?\tau_i : 0$

8   **if** $RHS_\pi < m_\pi[i]$ **then**

9                  $m_\pi \leftarrow RHS_\pi$

10              $benefit_i \leftarrow benefit_i + m_\pi[i]$

11   **if** $\dfrac{w_i}{benefit_i} < cost$ **then**

12              $best \leftarrow i,\ cost \leftarrow \dfrac{w_i}{benefit_i}$

13   **foreach** $\pi \in \Pi$ **do**

14          $RHS_\pi \leftarrow RHS_\pi - m_\pi[best]$

15   **if** $RHS_\pi = 0$ **then**

16              $\Pi \leftarrow \Pi - \{\pi\}$

17      $\mathcal{R} \leftarrow \mathcal{R} \cup \{Q_{best}\},\ \mathcal{Q} \leftarrow \mathcal{Q} - \{Q_{best}\}$

18   返回 $\mathcal{R}$

APPROX-QUERY-SHEDDING 有同样的近似率。

接下来介绍第二个近似算法。这一算法基于如下观察：假设只有不等式（6.2）一个约束条件，即只有一个超载区间 $\mathcal{J}$，则整体减少问题是背包问题 [7] 的逆问题。背包问题是根据一个容量约束进行利益最大化，而整体减少问题是根据总体减少时间超过一个给定阈值这一约束条件，最小化丢弃查询的权重。

令 $T(i, w)$ 代表从 $Q_1, Q_2, ..., Q_i$ 中丢弃查询所能节省的最大时间，其中丢弃查询的总权重为 w，并且有 $1 \leqslant i \leqslant n$ 以及 $0 \leqslant w \leqslant nW$，其中 W 是最大查询权重。可得

$$T(i, w) = \begin{cases} \max\{T(i, w), \tau_{i+1} + T(i, w - w_{i+1})\}, & Q_{i+1} \text{属于} \mathcal{J} \text{且} w_{i+1} \leqslant W \\ T(i, w), & \text{其他情况} \end{cases}$$

有一个高效的 $O(n^2W)$ 算法来获取所有的 $T(i,w)$，其中可以容易地找到 $\min\{w|T(n,w) \geqslant l_\pi(f_\pi - 1)\}$。通过回溯，可以找到被丢弃的查询即 τ_{i+1}，并添加到上述递归函数中。

这一算法在实践中十分高效，因为最大权重 W 并不需要太大。这一算法是绝对算法，近似来自于如果有多于一个的超载区间。只需要一个接一个地检查区间并找到所有需要被丢弃的查询，当超载区间并没有太紧密，或者优化器不知道未来区间时，这一方法趋向于准确高效。

在理论中，如果 W 很大，与背包问题 [7] 类似，可以使用一个全多项式时间近似算法（FPTAS）来定义 $K = \dfrac{\varepsilon W}{n}$，并将所有权重除以 K，然后使用相同的算法。这是一个与 W 相独立的、运行时间为 $O\left(\dfrac{n^3}{\varepsilon}\right)$ 的 $1 + \varepsilon$ 近似算法 [7]。

6.3.2　在线优化及竞争分析

对于在线优化，QA 问题的解决方法比较简单。根据 EFDO 原则，对于事件 $E1$，算法与 OO-UNWEIGHTED 行为一致。区别在于对事件 $E2$ 的行为，只需要选择有最大权重的活动查询。

对于 QS 问题，每当一个新的查询 Q_i 到达，检查 Q_i 及其之后的所有截止时间是否都能够被满足。如果不能，令不能被满足的截止日期集合为 $\mathcal{B}$。则 QS 问题中的集合 Π 包含了从现在到 $\mathcal{B}$ 中截止时间的区间所对应的路径。当前所有查询都以现在时刻为开始时间，剩余的基本时间作为它们的基本时间，并且保留最初的截止时间。图 6.5 说明了这一点，t_N 表示当前时间，仅考虑从 t_N 开始每个查询的剩余工作。之后使用 6.3.1 节中的算法来决定丢弃哪个查询。

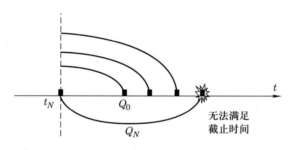

图 6.5　当一个新查询 Q_N 在 t_N 时到达的一个快照

对于在线算法竞争比的理论分析比较困难，因此实践中大部分在线算法并不包含竞争分析 [1–4]。本节接下来对所有查询都有着相同长度的生存期以及基本时间，而不同权重随机选自集合 $\{w_1, ..., w_c\}$ 这一特殊情况给出竞争分析。竞争者确定每个查询何时到来。

考虑查询减少的情况，竞争比定义为在线优化算法的期望权重损失与离线最优算法的权重之间的比率。显然，一个更小的比率说明了一个更好的在线算法（1.0 为理想情况）。令在线算法为 $\mathcal{A}^0$，离线最优算法为 $\mathcal{A}^*$。根据各查询的时间以在线的方式给出查询输入，并假设可以对 $\mathcal{A}^0$ 的运行进行追踪。

由于 $\mathcal{A}^0$ 属于 EFDO，对于 QS 问题，只需要考虑查询的基本时间部分，忽略奖励运行。如果 $\mathcal{A}^0$ 完成了对当前所有查询基本时间部分的运行，则称其是空闲的，即使它还将运行奖励时间部分。

将整个时间线划分为时期。第一个时期从第一个查询到达开始，到 $\mathcal{A}^0$ 变为空闲为止。之后，第二个时期从下一个查询到来，直到 $\mathcal{A}^0$ 再次空闲为止，以此类推。

当 $\mathcal{A}^0$ 在第一个时期中运行时，考虑在 t_N 时一个新的查询 Q_N 到达，如图 6.5 所示，将导致一些截止时间无法被满足。注意到如下事实：

（1）只有一个无法被满足的截止时间，即 Q_N 自身的截止时间。这是因为 Q_N 的截止时间是到现在为止最后一个，因为所有查询的生存期长度都相等；Q_N 是第一个导致违反截止时间的查询。

（2）将 Q_N 丢弃是一个选项，虽然 $\mathcal{A}^0$ 可能会选择一个其他策略来最小化权重损失。

（3）在时刻 t_N，$\mathcal{A}^0$ 应该正在运行一个查询令其为 Q_0 的基本时间部分，在这一查询之后的序列查询还完全没有开始。这是因为它们的运行顺序即截止时间顺序与其开始时间顺序一致，而它们的生存期长度相同。令这一序列中查询的数量为 α。

（4）由上述事实以及所有查询都有相同基本时间 τ 这一事实，则丢弃（3）中 α 个查询的任意一个都足够使剩余的所有截止时间被满足，因为丢弃任意一个都能够减小负载 τ。因此，$\mathcal{A}^0$ 将丢弃（3）查询序列中 α 个查询中权重最小的查询；或丢弃 Q_0，如果它有一个较小的权重，并且它剩余的基本时间至少与不等式（6.2）右侧相同。

（5）另一方面，注意到 $\mathcal{A}^*$ 也需要在这一时期的开始与 Q_N 的截止时间之间丢弃至少一个查询，因为如果不丢弃任何查询，$\mathcal{A}^0$ 永远都不会在这一区间内空闲，总的查询基本时间会超出核资源。但与 $\mathcal{A}^0$ 不同，$\mathcal{A}^*$ 可能会丢弃一个比 $\mathcal{A}^0$ 丢弃的查询权重更小、时间更早的查询。由于 $\mathcal{A}^*$ 提前知道所有查询，它也可能选择丢弃超过一个查询，使得全局最佳。

为到 Q_N 为止的查询界定竞争比。从（4）中，可以得知 $\mathcal{A}^0$ 正好丢弃一个查询。令 X 为表示权重损失的随机变量。因此，X 是 α 个均匀随机选自正整数集合 $\{w_1,...,w_c\}$ 中的最小值。忽略丢弃 Q_0 的情况，因为这只会减小 $E[X]$，不会对得到 $E[X]$ 的上界产生影响。因此，

$$
\begin{aligned}
E[X] &= \sum_{i=1}^{\infty} Pr(X \geqslant i) \\
&= w_1 \times 1 + (w_2 - w_1)\left(1 - \frac{1}{c}\right)^{\alpha} + (w_3 - w_2)\left(1 - \frac{2}{c}\right)^{\alpha} + ... + \\
&\quad (w_c - w_{c-1})\left(1 - \frac{c-1}{c}\right)^{\alpha} \\
&\leqslant w_1 + (w_2 - w_1)\mathrm{e}^{-\frac{\alpha}{c}} + (w_3 - w_2)\mathrm{e}^{-\frac{2\alpha}{c}} + ... + (w_c - w_{c-1})\mathrm{e}^{-\frac{(c-1)\alpha}{c}}
\end{aligned}
$$

由于权重是非负整数，因此第一个等式为真 [13]。而在最后一步，使用不等式 $1 - x \leqslant \mathrm{e}^{-x}$。令 $w_i - w_{i-1}$ 以 δ_w 为界，即相邻权重的差值，则

$$
E[X] \leqslant w_1 + \delta_w \frac{\mathrm{e}^{-\frac{\alpha}{c}} - \mathrm{e}^{-\alpha}}{1 - \mathrm{e}^{-\frac{\alpha}{c}}} \tag{6.3}
$$

并且，由（5），可以得知 $\mathcal{A}^*$ 至少丢失权重 w_1。因此，对于截至 Q_N 的查询，竞争比为

$$
r \leqslant \frac{E[X]}{w_1} \leqslant 1 + \frac{\delta_w}{w_1} \cdot \frac{\mathrm{e}^{-\frac{\alpha}{c}} - \mathrm{e}^{-\alpha}}{1 - \mathrm{e}^{-\frac{\alpha}{c}}} \tag{6.4}
$$

在 Q_N 之后，当下一个新的查询进入并且它的截止时间不能被满足时，再次选择权重最小的查询丢弃。这一过程在这一时期中继续。现在可以得知 $\mathcal{A}^0$ 所丢弃的查询数不会超过 $\mathcal{A}^*$ 所丢弃的查询数；因此不等式（6.4）是整个时期的竞争比上界。一般情况下，假设 $\mathcal{A}^0$ 在这一时期中到现在为止已经丢弃了 m 个查询，则

$$
t_w - k \cdot t_e > (m-1)\tau \tag{6.5}
$$

其中 t_w 是这一时期中到现在为止所有查询的基本时间之和，k 是核数量，t_e 是时期长度，τ 是一个查询的基本时间。由于在这一时期内核从未空闲，而且 $\mathcal{A}^0$ 需要丢弃 m 个查询，因此总负载相对最大容量应不超过 $(m-1)\tau$。由不等式（6.5），容易知道 $\mathcal{A}^*$ 需要丢弃至少 m 个查询。因此，竞争比（6.4）对于整个时期适用。

为了将这一结果扩展为跨时期，观察到对于时期 2，会出现两种情况：与 $\mathcal{A}^0$ 相同，$\mathcal{A}^*$ 没有任何从时期 1 遗留的工作；或者 $\mathcal{A}^*$ 有一些从时期 1 的遗留工作。对于第一种情况，时期 2 中对于竞争比的分析与时期 1 中相同。第二种情况对于时期 2 中的 $\mathcal{A}^*$ 是一个劣势，因为需要完成更多的工作，因此竞争比（6.4）仍然成立。这对于所有其他时期适用，因此有（6.4）为竞争比的上界。

对于 QA 问题，竞争比定义为离线最优算法中获得的权重与在线优化算法的期望获得权重之比。本节的在线算法选择当前所有 α 个查询中权重最高的一个查询进行扩展。定义一个随机变量 X 表示获得的权重。令 $Y = w_c - X$。观察到 X 是一个由 α 值组成的集合中的最大值，Y 是 α 个随机选自 $\{w_c - w_1, w_c - w_2, ..., 0\}$ 中的最小值，可以重复使用不等式（6.3）中的结果。与（6.3）类似，有 $E[Y] \leqslant \delta_w \dfrac{\mathrm{e}^{-\frac{\alpha}{c}} - \mathrm{e}^{-\alpha}}{1 - \mathrm{e}^{-\frac{\alpha}{c}}}$。因此，

$$E[X] = w_c - E[Y] \geqslant w_c - \delta_w \frac{\mathrm{e}^{-\frac{\alpha}{c}} - \mathrm{e}^{-\alpha}}{1 - \mathrm{e}^{-\frac{\alpha}{c}}}$$

由于 $\mathcal{A}^*$ 每次最多选择一个权重为 w_c 的查询，因此竞争比的上界为

$$r = \frac{w_c}{E[X]} \leqslant w_c \bigg/ \left(w_c - \delta_w \frac{\mathrm{e}^{-\frac{\alpha}{c}} - \mathrm{e}^{-\alpha}}{1 - \mathrm{e}^{-\frac{\alpha}{c}}} \right)$$

6.4 实 验 研 究

6.4.1 数据集及实验设置

本实验使用以下数据集进行：

● 银行设备状态数据集 [14]。数据集包括 888 977 台银行设备如服务器、工作站及 ATM 的健康状态时间序列流。设备信息包括连接数量以及活动标志，如正常、CPU 完全占用、故障处理以及非法登录尝试等。数据集大小为 7.42 GB。属性包括 *tkey, ipAddr, healthtime, numConnections, policyStatus, activityFlag*。另外一个较小的表格包含设备的元数据，属性包括 *ipaddr, machineClass, machineFunction, businessUnit, Facility, latitude, longitude*。

● 美国国家数字化预报数据库 [15] 的天气预报数据集。实验所使用的数据是 2012 年 4 月 21 日 17:00、18:00、19:00、20:00 及 21:00 做出的对太平洋西北地区 22 日 00:00 降雨、云覆盖以及风速的预报。数据集包含大约 18% 的无效数据。数据集大小为 80 MB。属性包括 *latitude, longitude, windSpeed, cloudCover, precipitation*。

两个数据集都有很大程度的不确定性，如非法数据输入以及数据缺失（地点和时间）。对于设备状态数据集，一台机器丢失或无效健康状态用其附近支行或数据中心相应设备的直方图分布来表示。类似地，对于天气预报数据集，一个无效或丢失数据用其局部地区 10 个数据点内的数据分布来表示。对于特殊时刻的丢失数据，实验使用线性插值，然后将其分布估计为其邻区内插值数据的分布。

实验使用 Java 语言实现所有算法。实验使用了 *java.util.concurrent* 包，并使用了 *ThreadPoolExecutor* 类来创建线程池，使其线程数与可用的处理器核数量相同。一个线程池有一个任务队列。在在线优化模式下，可能需要取消一个之前被安排的工作件，或在队列中插入一些工作件。对于每个工作件，实验有一个位全局标志，当工作件被取消，则将相对应的位设置为 1。为每个工作件分配的处理器核首先检查相应的位标志，如果这一标志被设置为 1，处理器核不做任何工作。插入队列可以通过取消并将其附加在队尾来实现。并且，对于在线优化，主线程如 OO-UNWEIGHTED，对事件 E1 和 E2 进行监测。如果两种事件都没有发生，主线程不占用任何 CPU 资源。实验使用 Java 语言中的 *wait*() 和 *notify*() 机制来实现这一点。此外还有一个低优先级的守护线程，用于检测工作件队列的大小。

对于整数和线性规划问题，实验使用广泛使用的 *lp-solve* 包 [16]。所有实验都在处理器为英特尔酷睿 i7（超线程下 8 核）、内存大小为 8 GB 的计算机上进行。

6.4.2　无权查询

考虑 PO 模式下的无权查询。对于银行设备状态数据集，如一位位于地点 (a, b) 的客户查询 "2 km 内等待时间较短并且正常工作的概率至少为 0.8 的 ATM 设备"。这样一个 SQL 查询（不含概率部分）为

Q1: *SELECT latitude, longitude*

　　FROM meta, metaStaus

　　WHERE machineClass = '*atm*'

　　　　AND meta.ipAddress = metaStatus.ipAddress

　　　　AND numConnections < 10 AND activityFlag = 1

　　　　AND DISTANCE(latitude, longitude, a, b) < 2

Q2: *SELECT businessUnit, facility, AVG(numConnections)*

　　FROM meta, metaStatus

　　WHERE machineClass = '*workStation*'

　　　　AND meta.ipAddress = metaStatus.ipAddress

　　　　AND businessUnit in ('*R20*'*,* '*R21*' *)*

　　GROUP BY businessUnit, facility

Q3: *SELECT ipAddress*

　　FROM metaStatus

　　WHERE activityFlag = 3

　　ORDER BY numConnections DESC

　　LIMIT 5

在 R20 和 R21 区域中，客户或银行管理人员可以通过 Q2 查询不同支行工作站的工作负载状态，而安全管理人员可使用 Q3 查询监视很多无效登录请求（*activityFlag=3*）的设备。

对于天气预报数据集，使用如下查询：

Q4: *SELECT latitude, longitude*
　　FROM tomorrowWeather
　　WHERE state = 'Washington'
　　　　AND windSpeed < 5 AND cloudCover < 2

Q5: *SELECT AVG (precipitation)*
　　FROM tomorrowWeather
　　WHERE state = 'Washington'

其中 *tomorrowWeather* 是当前时间在多个地点对明天天气进行预报。

对于这些查询，实验使用 MCA 来估计一个元组结果的概率或一个不确定属性的直方图分布。

PO 包含了对一个时期中每个查询一轮执行代价的估计，在前置时间内运行 PO-UNWEIGHTED 算法，验证这个开销是否足够小，使其能够适应合理的前置时间。显然，优化时间受一个时期中的查询数量影响，优化时间由两个参数所决定：时期长度以及查询速率。

实验系统同时处理两组数据集（处理查询 Q1~Q5）。对于 PO，实验基于查询输入速率，为每一个时期随机产生查询（Q1~Q5）。并且，根据估计代价，实验将一个查询的基本时间设置为运行 100 个轮次的 Monte Carlo 所需时间，并将生存期设为 1~6 s 之间的一个随机值。在此基础上，对于每个查询的重复回答，实验将其设置为 1~3 之间的一个随机值。

图 6.6 显示了使用一个核时的 PO 优化开销，将查询速率固定在每秒 5 个查询，不同时期长度下算法的运行时间。实验衡量了 PO-UNWEIGHTED 中算法第 18 行过滤步骤的重要性。对比时期长度，总的优化时间只占很小一部分。例如，当时期长度是 300 s 时，总的优化时间只有 1 秒多。由于对每个查询实验只运行一个轮次，查询代价估计时间同样可以忽略不计。然而，当时期长度为 300 s 时，不使用过滤的优化时间要超过 10^6 ms，因此实验没有将其显示在图中，这说明了过滤步骤的重要性。

在图 6.7 中，时期长度固定为 300 s，改变查询速率的大小进行实验。可以发现，随着查询速率的增长，优化时间同样增长，并且过滤步骤仍然十分有效。

当在前置时间内通过 PO-UNWEIGHTED 得到一个调度后，即开始这一时期中

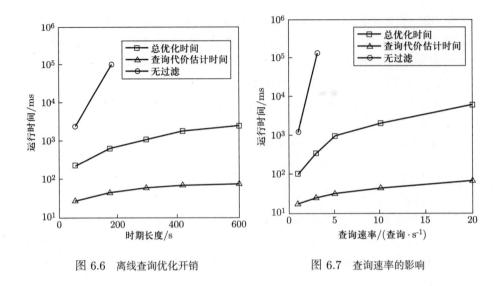

图 6.6　离线查询优化开销　　　　　　　图 6.7　查询速率的影响

的查询。接下来看一下每个查询实际运行多少个轮次，并将其与 PO-UNWEIGHTED 中计划的轮次数进行对比。时期中所有查询的实际轮次数与估计轮次数偏差比显示在图 6.8 中，时期长度固定为 60 s 并改变查询速率，图中以误差条的形式显示了实际轮次数与估计轮次数的偏差比。可以看到，虽然在查询间有一些变化，在一般情况下，实际运行轮次与估计轮次是基本一致的。

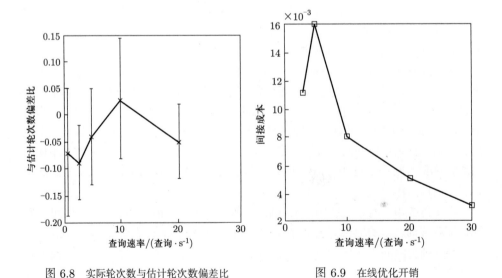

图 6.8　实际轮次数与估计轮次数偏差比　　　　　图 6.9　在线优化开销

接下来考虑无权查询的在线优化模式，通过 OO-Unweighted 算法进行处理。通过计算优化的实际 CPU 时间和执行查询的实际 CPU 时间之间的比率来检查这一优化的开销。图 6.9 显示了在不同查询速率下的优化开销。可以看到间接成本非常低可以忽略不计，这对于在线优化是十分重要的。

最后，实验在相同的查询工作负载下对离线优化进行比较。实验计算了在线和离线模式下每个查询实际执行轮次的差值比，图 6.10 显示了这一结果。可以看到，虽然单一查询的偏移可能达到 30%，但总的平均行为是比较接近的。

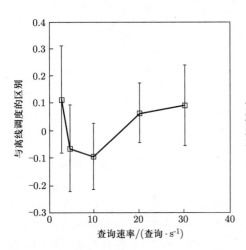

图 6.10 在线和离线模式下每个查询实际执行轮次差值比

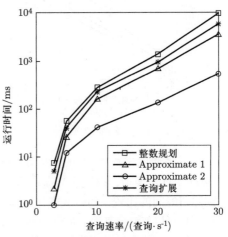

图 6.11 查询减少开销

6.4.3 带权查询

考虑 PO 模式下的带权查询。查询采用与 6.4.2 节中同样的方法生成，同时为每个查询增加一个均匀选自 $1 \sim 20$ 之间的权重。6.3 节中讨论了查询扩展问题，可以将其简化为线性规划问题；对于查询减少问题，有 3 种方法：整数规划、Approx-Query-Shedding 算法（记为 Approximate 1）以及基于递归方程的算法（记为 Approximate 2）。

首先记录这些算法的运行时间。图 6.11 显示了当将时期长度固定为 60 s，在不同查询速率下的结果。可以看到 Approximate 2 是最快的，这是由于其简单的线性解析行为；Approximate 1 比整数规划方法快出两到三个数量级。

在相同环境下，比较 3 个查询减少算法丢弃的权重，结果显示在图 6.12 中。可以看到整数规划算法虽然比较慢，但丢弃的权重最少；3 个算法中最快的

Approximate 2，同样丢弃掉最多的权重。

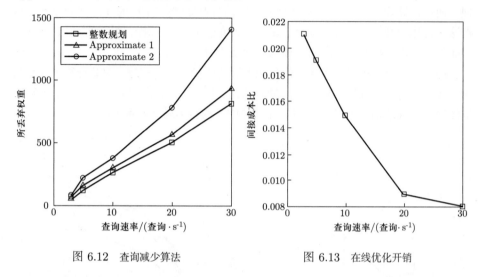

图 6.12　查询减少算法　　　　　　图 6.13　在线优化开销

接下来考虑带权查询的在线优化算法。如 6.3.2 节所述，算法框架与 OO-UNWEIGHTED 类似，仅基于当前存活的查询进行优化。实验计算这一在线优化与查询运行时间的比较，间接成本比显示在图 6.13 中。首先，可以看到优化的开销很小并且可以忽略；其次，带权查询在线优化所需的时间比无权查询在线优化所需时间要稍多一些，这是因为所使用的算法更加复杂；第三，3 种查询减少算法间速

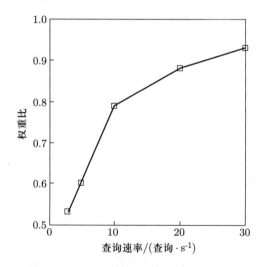

图 6.14　在线优化和离线优化获得的权重比

度和准确度的差别非常小（这里只显示了 Approximate 1），这是因为当前被优化的算法数较少；最后，随着查询速率的增加，处理器核可以更加有效地应用于查询的基本时间部分，因此优化比率也会略有减少。

最后实验将在线优化与离线优化获得的权重比进行比较，结果显示在图 6.14 中。有趣的是，随着查询速率的增加，在线优化和离线优化之间的区别逐渐减小。这是因为当查询速率增加，处理器忙于处理查询的基本时间部分；对于查询减少部分，随着当前存活查询数量的增加，在线优化的劣势变得不那么明显。

6.5　相　关　工　作

本章介绍的研究问题及研究方法涉及了较多方面的相关工作，主要包括概率数据处理、实时资源调度和分配、基于奖励机制的调度、多核处理器上的数据管理以及在线算法及竞争分析。对不同研究方向感兴趣的读者可参考相关工作进一步研究。

对于概率数据的处理吸引了很多关注，研究项目包括 Trio [17]、MystiQ [18]、Orion [19]、PrDB [20]、MayBMS [21]、MCDB [8]、CLARO [22] 以及其他等。对实时不确定的数据进行处理，以获取信息和准确的查询结果，是一个很大的挑战（如 [19, 22]）。

关于实时数据库以及资源调度与分配系统的研究已经有一些工作，例如 [23]，特别是在基于奖励机制的调度上，如 [24–26]，这是与本章内容最为相关的两组工作。[23] 提供了一个高层算法，通过设置不同的参数来解决一些问题，但并不能应用在本章的问题上。本章需要一个属性：如果存在一个调度使得所有查询的截止时间都能实现，则优化器需要选择一个满足所有截止时间的执行计划。由于需要回答所有查询，这一属性十分直观，[23] 中的算法不满足这一属性。

[24–26] 中的工作称为基于奖励机制的调度。与本章所介绍问题类似，这些工作也假设"服务更多，奖励更多"。然而，它们的问题设置与假设与本章有所不同。

近期有在多核处理器上进行数据管理的研究。例如，[27] 研究了使用多核处理器的主存哈希连接算法，[28] 为数据流设计了一个连接算法。前期工作有关于数据流上实时查询处理，以及负载剥离的研究如 [29]。对于实时数据库的研究已经有了一段相对较长的历史如 [30]。此外，数据库以及数据流上的随机（在线）查询处理也有所研究，如 [31, 32]。

最后，在线算法以及竞争分析也有研究，如 [1–4]，包括不同的松弛版本，最常见的是限制一个对抗者的强度以及平均情况分析。在本章的工作中，或者限制一个对抗者的强度（对于无权查询），或者限制了问题实例（对于带权查询）。

6.6 本 章 小 结

本章研究了如何在多核处理器上对实时随时查询来执行查询优化，其中查询执行计划有一个时间组件的扩展部分。本章介绍了与实际相符的优化模式，展示了高效的离线查询优化算法和在线查询优化算法，并对其进行了分析。系统实验部分也证明了本章介绍的方法和分析。

参 考 文 献

[1] Albers S, Leonardi S. Online algorithms [J]. ACM Computing Surveys, 1999, 31(3-4): 4.

[2] Koutsoupias E, Papadimitriou C. Beyond competitive analysis [C]. Proceedings of 35th Annual Symposium on Foundations of Computer Science, Santa Fe. Philadelphia: Society for Industrial and Applied Mathematics, 1994: 394-400.

[3] Fujiwara H, Iwama K. Average-case competitive analyses for ski-rental problems [C]. International Symposium on Algorithms and Computation, Vancouver. Berlin: Springer, 2002: 476-488.

[4] Boyar J, Irani S, Larsen K. A comparison of performance measures for online algorithms [J]. Algorithmica, 2015, 72(4): 969-994.

[5] Beasley J. Advances in linear and integer programming [M]. Oxford: Oxford University Press, 1996.

[6] Rajagopalan S, Vazirani V. Primal-dual rnc approximation algorithms for set cover and covering integer programs [J]. SIAM Journal on Computing, 2006, 28(2): 525-540.

[7] Vazirani V. Approximation Algorithms [M]. Berlin: Springer, 2010.

[8] Jampani R, Xu F, Wu M, et al. MCDB: a monte carlo approach to managing uncertain data [C]. Proceedings of the 2008 ACM SIGMOD international conference on Management of data, Vancouver. New York: ACM, 2008: 687-700.

[9] Zilberstein S. Using anytime algorithms in intelligent systems [J]. AI Magazine, 1996, 17(3): 73-83.

[10] Caflisch R. Monte carlo and quasi-monte carlo methods [J]. Acta Numerica, 1998, 7: 1-49.

[11] Karp R, Luby M. Monte-carlo algorithms for enumeration and reliability prob-
      lems [C]. 24th Annual Symposium on Foundations of Computer Science, Tucson.
      Washington D. C.: IEEE Computer Society, 1983: 56-64.

[12] Re C, Dalvi N, Suciu D. Efficient top-k query evaluation on probabilistic data [C].
      IEEE 23rd International Conference on Data Engineering, Istanbul. Washington
      D. C.: IEEE Computer Society, 2007: 886-895.

[13] Mitzenmacher M, Upfal E. Probability & Computing: Randomized Algorithms
      and Probabil-istic Analysis [M]. Cambridge: Cambridge University Press, 2005.

[14] Vast Challenge 2012. 银行设备状态数据集 [DB].

[15] NCDC. 气象数据集 [DB/OL].

[16] Ipsolve [CP].

[17] Benjelloun O, Sarma A D, Halevy A, et al. Databases with uncertainty and lineage
      [J]. The International Journal on Very Large Data Bases, 2008, 17(2): 243-264.

[18] Dalvi N, Suciu D. Efficient query evaluation on probabilistic databases [J]. The
      International Journal on Very Large Data Bases, 2007, 16(4): 523-544.

[19] Cheng R, Kalashnikov D, Prabhakar S. Evaluating probabilistic queries over im-
      precise data [C]. Proceedings of the 2003 ACM SIGMOD international conference
      on Management of data, San Diego. New York: ACM, 2003: 551-562.

[20] Kanagal B, Li J, Deshpande A. Sensitivity analysis and explanations for robust
      query evaluation in probabilistic databases [C]. Proceedings of the 2011 ACM
      SIGMOD International Conference on Management of data, Athens. New York:
      ACM, 2011: 841-852.

[21] Antova L, Jansen T, Koch C, et al. Fast and simple relational processing of
      uncertain data [C]. IEEE 24th International Conference on Data Engineering,
      Cancun. Washington D. C.: IEEE Computer Society, 2008: 983-992.

[22] Tran T, Peng L, Li B, et al. PODS: A new model and processing algorithms for
      uncertain data streams [C]. Proceedings of the 2010 ACM SIGMOD International
      Conference on Management of data, Indianapolis. New York: ACM, 2010: 159-
      170.

[23] Noy A B, Baryehuda R, Freund A, et al. A unified approach to approximating
      resource allocation and scheduling [J]. Journal of the ACM, 2001, 48(5): 1069-
      1090.

[24] Aydin H, Melhem R, Mosse D, et al. Optimal reward-based scheduling of periodic
      real-time tasks [C]. Proceedings of the 20th IEEE Real-Time Systems Symposium,
      Phoenix. Washington D. C.: IEEE Computer Society, 1999: 79.

[25] Dey J K, Kurose J F, Towsley D, et al. Efficient on-line processor scheduling for a class of IRIS (increasing reward with increasing service) real-time tasks [C]. Proceedings of the 1993 ACM SIGMETRICS Conference on Measurement and Modeling of Computer Systems, Santa Clara. New York: ACM, 1993: 217-228.

[26] Hou I H, Kumar P R. Scheduling periodic real-time tasks with heterogeneous reward requirements [C]. IEEE 32nd Real-Time Systems Symposium, Vienna. Washington D. C.: IEEE Computer Society, 2011: 282-291.

[27] Blanas S, Li Y, Patel J. Design and evaluation of main memory hash join algorithms for multi-core CPUs [C]. Proceedings of the 2011 ACM SIGMOD International Conference on Management of Data, Athens. New York: ACM, 2011: 37-48.

[28] Teubner J, Mueller R. How soccer players would do stream joins [C]. Proceedings of the 2011 ACM SIGMOD International Conference on Management of data, Athens. New York: ACM, 2011: 625-636.

[29] Wei Y, Son S, Stankovic J. RTstream: Real-time query processing for data streams [C]. 9th IEEE International Symposium on Object and Component-Oriented Real-Time Distributed Computing, Gyeongju. Washington D. C.: IEEE Computer Society, 2006: 141-150.

[30] Kao B, Molina H G. An overview of real-time database systems [J]. Real Time Computing, 1994, 127: 261-282.

[31] Haas P, Wang H. Online aggregation [C]. Proceedings of the 1997 ACM SIGMOD International Conference on Management of Data, Tucson. New York: ACM, 1997: 171-182.

[32] Mokbel M, Aref W. Sole: scalable on-line execution of continuous queries on spatio-temporal data streams [J]. The International Journal on Very Large Data Bases, 2008, 17(5): 971-995.

第 7 章 动态数据流系统的数据保护

第 6 章介绍了数据流服务系统中的查询时间分配问题。作为对提升数据流服务系统数据支持能力的补充，本章介绍面向服务的数据流系统中的数据保护问题。首先介绍一些准备知识，接下来在第 7.2 节中介绍软群体（soft quorums）方案，以及相应的写群体和读群体算法。第 7.3 节讨论了对于写群体大小以及读群体大小的动态选择，使其能够自适应于高数据输入速率以及查询速率。第 7.4 节介绍了如何设置读群体和写群体的大小，使得能够最小化总体系统负载。为了保证数据的高可用性，第 7.5 节量化了系统故障概率，之后提供一个恢复算法。第 7.6 节使用两组真实数据集以及一组合成数据进行了系统实验。

7.1 准 备 知 识

在分布式计算中，群体（quorums）用于提交协议（投票）或控制数据复制，本章只对群体的后一个概念进行扩展。一个群体系统是服务器子集的集合，其中每两个子集相交 [1]，这确保了如果一个写操作在一个群体上进行，而之后一个读操作在另一个群体上进行，则至少一个节点（服务器）同时观测到写操作以及读操作并且能够为读数据者提供最新的数据值。群体系统一个简单的例子是多数群体系统，其中每一个群体的大小为 $\lceil (n+1)/2 \rceil$，其中 n 是节点总数。在一般情况下，写群体大小 w（执行写操作时，需要写入的节点数）以及读群体大小 r（执行读操作时，需要读取的节点数）并不需要一致。

本章为流数据保护介绍一个软群体方案。软群体系统的逻辑体系结构如图 7.1 所示。写群体（大小为 w）随机选自 n 个数据节点，协调员（coordinator）将新的数据项插入这 w 个数据节点中。类似地，读群体（大小为 r）同样随机选自 n 个数据节点，协调员从这 r 个节点中读取数据来进行一次查询应答。与严格群体（strict quorum）不同，读群体和写群体不需要重叠，即，$w + r < n$。

软群体方案的一个核心思想是 w 和 r 的选择是动态的，并且能够自适应于数据流输入速率以及用户查询速率。通过随机性，软群体提供了性能和查询结果精度之间的权衡，同时实现数据高可用性的目标（当出现节点故障时）。软群体对于参数 w 和 r 的自适应性选择能够最小化总体系统负载，并且达到负载平衡。

图 7.1 对系统的逻辑体系结构进行了说明。通过网络连接的计算机是数据节

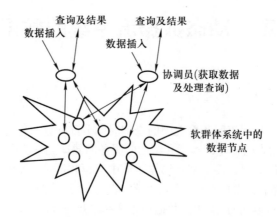

图 7.1 软群体系统的逻辑体系结构

点，形成了一个分布式内存中存储。数据节点以下简写为节点，n 表示节点个数。在节点层之上是一个或多个协调员，是用于处理新的流数据元组并将其插入节点或从节点中读取数据来进行查询应答的计算机。通常情况下，协调员使用流水线方式使用数据来处理查询，多个协调员负责分配工作负载。协调员的数量以及各自的工作分配由系统决定。图 7.1 仅是一个逻辑体系结构，因为节点和协调员之间没有严格明确的物理界限，一台计算机可以既是节点（用于存储数据），又是协调员（用于处理查询）。

一个大小为 w 的写群体是进行写操作的 w 个节点（$w \leqslant n$）组成的子集，读群体亦然。每个节点对于一个数据流有一个大小为 b 的有界缓冲区，每个节点中一个数据流的缓冲区以队列 Q 表示，反映了一个数据流是一个时间序列的事实。Q 中的元素被称作一个数据项或一个样本的一次观察，整个 Q 是原始数据流的一个样本。每个数据项都有一个时间戳以及一个权重 α。使用 τ 来表示从数据流中获取的最近一个时间区间的长度，即最新批次。当 τ 接近于无限大时，软群体本质上是对整个数据流进行复制及采样，但通常情况下面向服务的数据流系统（SOSS）应用只对较新的历史数据感兴趣。最后，将数据流的数据输入速率（基于所有协调员和节点）表示为 λ，查询速率表示为 μ。为了便于查询，表 7.1 中总结了本章常用的术语和符号。

表 7.1　本章常用的术语和符号

术语或符号	含义
节点	数据节点，群体系统的一部分
协调员	进行查询处理、写（插入）数据和读数据的计算机

术语或符号	含义
n	节点总数
w	写群体大小
r	读群体大小
数据项	群体中的一个数据流元组
样本	一组数据项
Q	节点中一个数据流的缓存
$|Q|$	Q 中数据项的数量 (即 Q 的长度)
b	$|Q|$ 的最大值 (缓冲区大小界限)
$Q[i]$	Q 中第 i 个数据项 ($1 \leqslant i \leqslant b$)
α	Q 中数据项的权重
τ	最近时间区间的长度
λ	数据流输入速率
μ	数据流查询速率

7.2 软群体方案

软群体的设计方案为：一个写群体或读群体由均匀随机选取自 n 个数据节点的 w 个或 r 个任意节点组成，复杂性来自于选取合适的 w 和 r，使得能够确保任意读群体包含一个任意接近原始流数据的样本，在准确性和可用性之间进行权衡。接下来算法 7.1 展示了写群体算法。

由于算法是协调员和一组数据节点间的协议，因此从协调员端以及数据节点端展示。算法由一个自适应标记 *adaptive* 作为输入，以支持根据对当前流速率的估计选择新的软群体大小 (w, r)，选择可以阶段性进行。协调员端算法的第 2 行进行非替换选择，第 4 行每一个通知信息包含了估算自一个数据节点的数据流输入速率，协调员只需要对估计值取平均，得到 $\hat{\lambda}$，并以参数 $\hat{\lambda}$ 调用 QUORUMSIZES 得到新的软群体大小。由于新的参数设置可以随时进行，协调员端算法第 4—8 行是异步完成的。数据节点端的算法维护了一个大小为 τ 的最近区间（即最新批次），第 2 行数据项被加入 Q 中（初始权重为 w_0，时间戳在数据项 v 中），第 3—7 行如果 Q 发生溢出，算法选择一个数据项删除并将新的权重赋值给其他所有数据项。算法第 6 行即每一个数据项 $Q[i]$ 以概率 p_i 的可能性被删除。对于 $\hat{\lambda}$ 的估算（第 9 行）将在第 7.3 节中详细讨论。

算法 7.1: WRITEQUORUM $(v, w_0, adaptive)$

Input: v: 要写入的数据项
w_0: 当前写群体大小
$adaptive$: 对于流速率，是否适应 w
Output: 如果 $adaptive$ 为真，设置新的 w, r
/* 协调员端 */

1　**foreach** $i \leftarrow 1$ to w_0 **do**
2　　无替换地均匀随机选择一个节点
3　　将 $(v, w_0, adaptive)$ 发送到这一节点
4　自 w_0 个节点接收 $ACK(\widehat{\lambda}_i)$
5　**if** $adaptive$ **then**
6　　$\widehat{\lambda} = \dfrac{\sum\limits_{i=1}^{w_0} \widehat{\lambda}_i}{w_0}$
7　　$(w, r) \leftarrow$ 以参数 $\widehat{\lambda}$ 调用 QUORUMSIZES
8　　返回 (w, r)

　/* 接收到 $(v, w_0, adaptive)$ 的数据节点 */
1　从 Q 中删除生存期等于或超过 τ 的数据项
2　将 (v, w_0) 加入 Q //数据项 v 的初始权重为 w_0
3　**if** $|Q| = b + 1$ **then** //如果队列大小超出缓冲区上界
4　　$\alpha \leftarrow \dfrac{b}{\sum\limits_{i=1}^{b+1} \dfrac{1}{\alpha_i}}$，其中 α_i 是 $Q[i]$ 的权重
5　　**foreach** $i \leftarrow 1$ to $b + 1$ **do** $p_i \leftarrow 1 - \dfrac{\alpha}{\alpha_i}$
6　　基于 p_i，随机从 Q 中删除一个数据项
7　　将权重 α 赋值给每一个剩余的数据项
8　**if** $adaptive$ **then**
9　　$\widehat{\lambda} \leftarrow \dfrac{n}{\tau} \sum\limits_{i=1}^{|Q|} \dfrac{1}{\alpha_i}$
10　将 $ACK(\widehat{\lambda})$ 发送给协调员

接下来介绍读群体算法，见算法 7.2 READQUORUM，这一算法有一个布尔标记来说明是否需要均匀采样。如果查询处理需要可量化估计，这一标记被置为真；如果这一标记为假，则可能返回更多的数据项（但不是均匀随机采样）。READQUORUM 算法协调员端的第 3 行将读需求发送给所选的数据节点。在第 4 行，协调员接收读群体中每一个数据节点提供的 (α_i, R_i)。r 个数据节点中的每一个节点可能有不同的 α_{min}；因此 α_i 以降序排列为 $\beta_1, ..., \beta_r$（协调员端算法第 7 行）。虽然可以通过选择最小的 β_r 并将更多的数据项移除来将这些数据项再次均

一化，定理 7.1 将证明这已经是一个均匀采样（使得返回的样本尽可能大）。

算法 7.2: READQUORUM (r, *uniform*)

Input: r: 读群体大小
uniform: 如果需要严格均匀样本则为真
Output: R: 读自一个读群体的样本
η: *uniform* 为真时的有效采样率
/* 协调员端 */

1　**foreach** $i \leftarrow 1$ **to** r **do**
2　　无替换地均匀随机选择一个节点
3　　将 (*uniform*) 发送到这一节点
4　自第 2 行的 r 个数据节点中接收 (α_i, R_i)
5　$R \leftarrow \bigcup\limits_{i=1}^{r} R_i$
6　**if** *uniform* **then**
7　　$(\beta_1, ..., \beta_r) \leftarrow$ 将 $\alpha_1, ..., \alpha_r$ 以降序排序
8　　$\eta \leftarrow 1 - \prod\limits_{i=1}^{r}(1 - \dfrac{\beta_i}{n-i+1})$
9　返回 (R, η)
　　/* 接收 (*uniform*) 后的数据节点端 */
1　$\alpha_{\min} \leftarrow Q$ 中的最小 α 值
2　**if** *uniform* **then**
3　　$R \leftarrow \varnothing$
4　　**foreach** $i \leftarrow 1$ **to** $|Q|$ **do**
5　　　$R \leftarrow R \cup Q[i]$（以概率 $\dfrac{\alpha_{\min}}{\alpha_i}$）
6　**else** // *uniform* 为假（即不需均匀采样）
7　　$R \leftarrow Q$
8　将 $(\alpha_{\min}, R)$ 发送给协调员

定理 7.1 当 *uniform* 为真时，算法 READQUORUM 返回的样本 R 是一个采样率为 $\eta = 1 - \prod\limits_{i=1}^{r}\left(1 - \dfrac{\beta_i}{n-i+1}\right)$ 的随机均匀样本。

证明 考虑一个读群体中 r 个数据节点中的一个节点 s_1，令其存储的数据项集为 R_1。数据流中的一个数据项 o 到达数据节点 s_1 的概率是 $Pr[o \in R_1] = 1 - \dfrac{\binom{n-1}{w_0}}{\binom{n}{w_0}} = \dfrac{w_0}{n} = \dfrac{\alpha}{n}$，其中 α 是 o 的初始权重（即写群体大小 w_0），也就是

s_1 属于 o 写群体的概率。s_1 中数据流缓存 Q 中不同的数据项 $Q[i]$ 有不同的 α_i，表示了不同的采样率。

接下来，WriteQuorum 算法中数据节点端第 4—7 行从 Q 中删除一个数据项，在删除之后，对数据项 $Q[i]$ 的有效采样率为 $\frac{\alpha_i}{n} \cdot (1 - p_i) = \frac{\alpha}{n}$。因此，第 7 行正确设置了新的 α 值（即采样率为 $\frac{\alpha}{n}$）。类似地，在 ReadQuorum 算法数据节点端的第 5 行，一个数据项以概率 $\frac{\alpha_{\min}}{\alpha_i}$ 被包含，有效地将一个数据节点所返回的所有数据项的权重替换为均一权重 $\alpha = \alpha_{\min}$（同一算法第 8 行）。

接下来考虑 ReadQuorum 算法的协调员端以及如下思维过程，开展实验 $\mathcal{E}$：

步骤 1：将数据项 o 发送到均匀随机选择的 β_1 个节点上；

步骤 2：将数据项 o 的 $\beta_1 - \beta_2$ 个副本从步骤 1 中均匀随机选择的 β_1 个节点中删除；

步骤 3：将数据项 o 的 $\beta_2 - \beta_3$ 个副本从步骤 2 剩余的部分中删除；

······

步骤r：将数据项 o 的 $\beta_{r-1} - \beta_r$ 个副本从之前步骤剩余的部分中删除。

令返回 $\beta_1, ..., \beta_r$ 的节点分别为 $s_1, ..., s_r$（ReadQuorum 算法协调员端的第 4、7 行）。在实验 $\mathcal{E}$ 中，考虑以下事件 $\mathcal{E}_{quorum}$：（1）在步骤 1 之后，在 s_1 中没有看到数据项 o；（2）并且在步骤 2 之后，在 s_2 中没有看到数据项 o；...（r）并且在步骤 r 之后，在 s_r 中没有看到数据项 o。基于以上关于 $Pr[o \in R_1]$ 的等式以及条件概率，有 $Pr[\mathcal{E}_{quorum}] = \prod_{i=1}^{r} \left(1 - \frac{\beta_i}{n - i + 1}\right)$，因为在实验 $\mathcal{E}$ 的步骤 i 之后，共有数据项 o 的 β_i 个副本被随机分布。本质上，事件 $\mathcal{E}_{quorum}$ 等价于事件 $o \notin R$，其中 R 是 ReadQuorum 算法协调员端返回的样本。简言之，$s_1, ..., s_r$ 可以被看做有序的一系列采样器（其他排序不会产生一个和 $o \notin R$ 等价的事件）。因此，ReadQuorum 的采样率为 $\eta = 1 - Pr[\mathcal{E}_{quorum}]$。

注意到 Q 中数据项 o 的权重 α 在初始时为 w_0，也就是数据项 o 进入 Q 时的写群体大小（这一大小是动态的）。当缓存区 Q 满时，WriteQuorum 算法在数据节点端会进行数据删除，之后 Q 的所有数据项都有一样的权重（即所有 α_i 相等）。在这种情况下，ReadQuorum 算法数据节点端第 5 行的 $\frac{\alpha_{\min}}{\alpha_i} = 1$，因此所有数据项 $Q[i]$ 被加入 R。然而，数据项也在不断失效，并从 Q 中移除（WriteQuorum 算法数据节点端第 1 行），而新的数据项也以不同的初始权重 α_i 被加入。因此，一般情况下，Q 中的数据项有着不同的权重 α_i，每个数据节点的采样率由数据节点中的最小权重 $\alpha_{\min}$ 所决定。自然地，希望能够最大化每个数据节点的最小权重 $\alpha_{\min}$，来最大化最终的均匀样本大小。

定理 7.2 WRITEQUORUM 算法数据节点端第 4—7 行的移除策略是最优的，即它最大化了 Q 中数据项的最小采样率。

证明 在移除之前，Q 中有 $b+1$ 个数据项，其中 $Q[i]$ 的采样率为 $\dfrac{\alpha_i}{n}$。考虑一个最优移除策略是以 q_i 的概率来移除每一个数据项，并且 $\sum\limits_{i=1}^{b+1} q_i = 1$。我们声明在进行移除后，每一个数据项的有效采样率是相同的，即对于所有的 i，$\dfrac{\alpha_i}{n} \cdot (1 - q_i)$ 是相同的，因此它们的最小值能够最大化。现假设这一声明不成立。令 $\dfrac{\alpha_s}{n} \cdot (1 - q_s)$ 为最小值，并且对于某些 t，它小于 $\dfrac{\alpha_t}{n} \cdot (1 - q_t)$。则永远都可以在不改变其他 q_i 的同时，减小 q_s，同时增大等量的 q_t 使得 $\sum\limits_{i=1}^{b+1} q_i = 1$ 仍然成立。在这一操作之后，最小采样率会有所提升，与 q_i 是最优策略的事实相矛盾。因此得到所有 $\dfrac{\alpha_i}{n} \cdot (1 - q_i)$ 都相等，将这一组等式与 $\sum\limits_{i=1}^{b+1} q_i = 1$ 进行求解，得到如 WRITEQUORUM 算法中的 p_i，与解等式组得到的结果一致。

软群体系统的最终目标是通过复制来进行数据保护，采样仅仅是一个额外收获，这与数据流中的采样如水塘抽样 [2] 在本质上是不同的。数据流中的采样没能提供高可用性。对于高速率的数据流，近似查询处理被证明是最有用、最实际的方法，使得其成为数据流中研究最广泛的问题之一 [3, 4]。特别地，在样本上进行查询应答经常能够提供有统计保证的非偏估计，对于这种情况，对所有类型的查询都有所研究 [5-7]。如在 [5] 中所观察到的，决策支持可以容忍结果准确性的边际损失，并从近似回答中获益匪浅。

注意到当系统负载较轻时，可以使用严格群体系统；只有当系统过载时才引入软群体系统。如果有一个非常重要的查询需要使用所有数据，那么可以使用读群体 $r = n$ 来获取所有数据。作为一种选择，可以使用一个单独的主节点，其中存储了最新批次中的所有数据，用于支持这类特殊查询的需求。如果主节点出现故障，则只需要从软群体系统中对其进行恢复。

7.3 自适应和准确性分析

本节将详细讨论动态数据流的自适应性以及软群体的准确度。之前章节的算法用到了这些内容。

7.3.1 对动态流数据速率的适应

考虑一个数据节点 s_i，从一个协调员中接收写信息。这一信息包括 (v, w_0)，其中 v 是新的数据项，w_0 是当前协调员所使用的写群体大小 w。注意到节点 s_i 使用最大似然估计（MLE）[8] 从 s_i 自身角度对流数据的输入速率进行估计。

定理 7.3 WRITEQUORUM 算法的数据节点端的第 9 行，即 $\hat{\lambda} \leftarrow \dfrac{n}{\tau} \displaystyle\sum_{i=1}^{|Q|} \dfrac{1}{\alpha_i}$ 是对数据流速率的一个最大似然估计。

证明 假设一个数据节点的 Q 包含数据项数量为 $c_1, ..., c_q$，相应权重分别为 $\alpha_1, ..., \alpha_q$ 的数据项。将输入速率为 λ 的数据流看作 q 个输入速率分别为 $\lambda_1, ..., \lambda_q$ 的子数据流的融合，因此 $\lambda = \displaystyle\sum_{i=1}^{q} \lambda_i$，其中子数据流是写群体大小为 w_i 且产生 Q 中最近一个时间区间 τ 中的 c_i 个数据项的子数据流 i（$1 \leqslant i \leqslant q$），则这 c_i 个数据项原始权重 α_i 等于 w_i。只考虑子数据流 i。定义 C 为 Q 从这一子数据流中接收数据项数量的随机变量。因此，$Pr[C = c_i | \lambda_i] \sim B\left(\lambda_i \tau \alpha_i, \dfrac{1}{n}\right)$。也就是说，基于 λ_i 的 C 的条件分布符合二项分布，因为 $\lambda_i \tau \alpha_i$ 个数据项中的每一个都以概率 $\dfrac{1}{n}$ 到达 Q。则似然函数为

$$\mathcal{L}(\lambda_i | c_i) = \binom{\lambda_i \tau \alpha_i}{c_i} \left(\frac{1}{n}\right)^{c_i} \left(1 - \frac{1}{n}\right)^{\lambda_i \tau \alpha_i - c_i} \approx \frac{(\lambda_i \tau \alpha_i)^{c_i}}{c_i!} \left(\frac{1}{n}\right)^{c_i} \left(1 - \frac{1}{n}\right)^{\lambda_i \tau \alpha_i - c_i}$$

其中的近似基于斯特林公式。对上述等式取对数得到

$$\ln \mathcal{L} = c_i \ln(\lambda_i \tau \alpha_i) - \ln c_i! n^{c_i} + (\lambda_i \tau \alpha_i - c_i) \ln\left(1 - \frac{1}{n}\right)$$

为得到最大似然函数

$$\frac{\partial \ln \mathcal{L}}{\partial \lambda_i} = \frac{c_i}{\lambda_i} + \tau \alpha_i \ln\left(1 - \frac{1}{n}\right) \approx \frac{c_i}{\lambda_i} + \tau \alpha_i \ln \mathrm{e}^{-\frac{1}{n}} = \frac{c_i}{\lambda_i} - \frac{\tau \alpha_i}{n} = 0$$

其中对于小 x 值，使用 $1 - x \approx \mathrm{e}^{-x}$。这即给出估计：$\widehat{\lambda}_i = \dfrac{nc_i}{\tau\alpha_i}$。最终，

$$\widehat{\lambda} = \sum_{i=1}^{q}\widehat{\lambda}_i = \frac{n}{\tau}\sum_{i=1}^{q}\frac{c_i}{\alpha_i}$$

与定理中的形式等价。

WRITEQUORUM 算法协调员端的第 6 行与从所有 w_0 个队列中获得数据项的最大似然估计等价。注意到并不需要对每一个写信息进行 λ 的估计，系统可以定期进行。基于这一估算，接下来讨论如何确定 w 值和 r 值。

7.3.2 读群体准确度

与严格群体一样，读一致性是一个关于群体大小（w 和 r）的函数。在如上所述数据流速率估计 $\widehat{\lambda}$ 的基础上，接下来基于数据一致性的需求研究 w 和 r 的选择。在之前工作中提出的一致性度量 [9] 是为数据存储所设计的，对于本章介绍的问题并不适用。例如，k-群体 [9] 要求读数据不早于最新提交版本的前 k 个版本，本章只考虑最近时间区间中的数据元组，而流数据中的数据项是被不断添加的。可以通过确保来自读群体的样本与原始数据流中数据项（也称之为一个样本）的统计距离足够小来探讨软群体的数据一致性。以下的定义是两个样本之间的 Jaccard 距离 [10]。

定义 7.1 **(样本间的统计距离)** 两个样本 R 和 S 之间的统计距离定义为 $\mathcal{D}(R,S) := 1 - \dfrac{|R \cap S|}{|R \cup S|}$，其中 R 和 S 是样本数据项集合。这里，数据项可以是多维的，包含应用所需的属性集合。

简单来说，统计距离衡量了两个样本有多大不同。这是一个永远处于 0 和 1 之间的度量标准。容易证明当 R 与 S 相同时，统计距离为 0；当它们没有重叠时，统计距离为 1。这一度量标准说明读群体的数据项集合与原始数据项集合的接近程度，并且提供了一种比较两个软群体的方法。

定义 7.2 **$((\Delta,\varepsilon)$-一致性)** 如果 $Pr[\mathcal{D}(R,S) \leqslant \Delta] \geqslant 1 - \varepsilon$，则称软群体系统是 (Δ,ε)-一致的，其中 S 是原始流数据样本，R 是均匀随机选择的读群体返回的样本。

算法 7.3 QUORUMSIZES 对 w 值和 r 值进行选择。算法将估计的流数据输入速率作为输入参数。输入可以是 3 种一致性模式中的一种：(Δ,ε)-一致性（$mode = 1$）、期望（$mode = 2$），即确保期望统计距离不超过某一个阈值以及近似

算法 7.3: QUORUMSIZES$(\Delta, \varepsilon, \lambda, \mu, mode)$

Input: Δ, ε: 一致性参数

λ, μ: 流数据输入速率以及查询速率

mode: 一致性模式, 可能值包括 1, 2 以及 3

Output: 读群体及写群体大小 (w, r)

1 $m \leftarrow \lambda\tau$ //时间区间内进入数据项的数量

2 **if** *mode*=1 **then** //(Δ, ε)-一致性

3 $\quad \left| \quad \alpha \leftarrow 2\Delta + \dfrac{3}{m}\ln\dfrac{1}{\varepsilon} \right.$

4 $\quad \left| \quad c \leftarrow n\ln\dfrac{2}{a - \sqrt{a^2 - 4\Delta^2}} \right.$

5 **else if** *mode*=2 **then** // 期望统计距离 Δ

6 $\quad \left| \quad c \leftarrow n\ln\dfrac{1}{\Delta} \right.$

7 **else if** *mode*=3 **then** // 近似采样率 ε

8 $\quad \left| \quad c \leftarrow \varepsilon n \right.$

9 $w \leftarrow \sqrt{\dfrac{cb\mu}{2\lambda}}$

10 $r \leftarrow \sqrt{\dfrac{2c\lambda}{b\mu}}$

11 **返回** (w, r)

采样率($mode = 3$）即确保 $\dfrac{rw}{n}$ 高于某一阈值。在算法第 1—8 行, 基于准确性模式, 算法首先计算对于准确度约束条件 $rw \geqslant c$ 的 c 值。算法第 9、10 行最终基于约束条件 $rw \geqslant c$ 解决一个优化问题, 选择软群体大小值(r 和 w）。以下的引理 7.1 将用于定理 7.4 和定理 7.6 的证明。

引理 7.1 考虑样本 S, S 是一组数据项的集合, 以及一个由 S 的子集组成的子样本 R, 则 $\mathcal{D}(R, S) = \dfrac{|S - R|}{|S|}$。

证明 基于定义 7.1, 由于 $R \cap S = R$ 并且 $R \cup S = S$, 可以直观证明。

给出流数据输入速率估计 $\hat{\lambda}$ 以及时间区间值 τ, 在原始数据流样本中存在 $m = \hat{\lambda}\tau$ 个数据项。接下来证明在 QUORUMSIZES 中用到的如下结果。

定理 7.4 如果软群体大小满足 $rw \geqslant n\ln\dfrac{2}{a - \sqrt{a^2 - 4\Delta^2}}$, 其中 $a = 2\Delta + \dfrac{3}{m}\ln\dfrac{1}{\varepsilon}$, 则获得 (Δ, ε)-一致性。

证明 令原始数据流样本中的 m 个数据项为 o_i ($1 \leqslant i \leqslant m$), 在 r 个读群体

节点中收集到的数据项集合为 R。接下来定义 m 个随机变量：

$$X_i = \begin{cases} 1, & o_i \notin R \\ 0, & \text{其他} \end{cases} (1 \leqslant i \leqslant m)$$

并且，定义 $X = \sum_{i=1}^{m} X_i$，即 R 中不存在的数据项的个数。与定理 7.1 中的分析类似，则有

$$\text{对于} 1 \leqslant i \leqslant m : Pr[X_i = 1] = \prod_{i=1}^{r} \left(1 - \frac{w}{n-i+1}\right) \leqslant \left(1 - \frac{w}{n}\right)^r < e^{-rw/n}$$

其中最后一个不等式是由于 $1 - x < e^{-x} (0 < x \leqslant 1)$。由线性期望可得

$$E[X] < m \cdot e^{-rw/n}$$

然后由切尔诺夫界有

$$Pr[X > (1+\delta)m \cdot e^{-\frac{rw}{n}}] < e^{-m \cdot e^{-\frac{rw}{n}} \delta^2/3}$$

另一方面，由引理 7.1，有 $D = X/m$，其中 D 是 R 和原始数据流样本 S 间的统计距离。将其与上述不等式联合，则有

$$Pr[D > (1+\delta) \cdot e^{-\frac{rw}{n}}] < e^{-m \cdot e^{-\frac{rw}{n}} \delta^2/3}$$

现在对于 (Δ, ε)-一致性，设置 $\Delta = (1+\delta) \cdot e^{-\frac{rw}{n}}$ 并解 $e^{-m \cdot e^{-\frac{rw}{n}} \delta^2/3} \leqslant \varepsilon$，则得到定理中的结果。

举例来说，对于 $n = 20$ 以及 $m = 500$，若要求 $(0.15, 0.1)$-一致性，则根据定理 7.4，有 $rw \geqslant 44$（如 $r = 4$ 以及 $w = 11$）就足够了。算法 QUORUMSIZES 第 2—4 行就是根据定理 7.4 得到约束条件 $rw \geqslant c$ 中的 c 值。注意到 (Δ, ε)-一致性是一个非常强的保证，它说明了以至少 $1 - \varepsilon$ 的概率，读群体所获得的样本与原始数据样本之间的统计距离不超过 Δ。算法也提供了其他弱一些的保证。在 QUORUMSIZES 算法中，模式 2 期望统计距离不超过 Δ，模式 3 确保近似采样率至少超过某一阈值 ε。对于模式 2，由引理 7.1 以及线性期望，有 $E[D] = \frac{E[X]}{m} < e^{-rw/n}$，给出如算法 QUORUMSIZES 第 6 行所示的 rw 的一个下界。模式 3 特别针对数据流输入速率很高并且 $rw < n$ 的情况，近似采样率为 $w \cdot \frac{r}{n}$（$\frac{r}{n}$ 是一个数据项的 w 个副本中的一个在读群体中的概率）；解出 $w \cdot \frac{r}{n} \geqslant \varepsilon$ 给出如算法 QUORUMSIZES 第 8 行所示的 rw 的一个下界。7.4 节将讨论如何基于 rw 的预算 c 来决定 r 和 w。

7.4 负　　载

在文献中，负载被定义为进入最忙节点的概率 [1]。直观来说，人们当然希望能够为写群体以及读群体均衡工作负载（包括网络流量）以最大化对节点的并行访问。然而，在软群体中，在读写之间存在不对称性。当对 w 个节点组成的写群体进行一次写操作时，只需要对每一节点写入一个值；而当对读群体进行读操作时，读群体中 r 个节点的每一个都包含了一组值。因此，需要将访问值的数量纳入考虑。

定义 7.3　（负载） 令 $\mathcal{T}_i(\varphi)$ 表示写入或读自一个节点 i 的期望值数量，其中随机写操作的概率是 φ，随机读操作的概率是 $1-\varphi$，期望值在读写群体随机选择获得，则系统负载定义为 $\mathcal{L} := \max\limits_{i \in \{1,\dots,n\}} \mathcal{T}_i(\varphi)$。

因此，负载 $\mathcal{L}$ 是一个关于 φ 的函数。$\mathcal{T}_i(\varphi)$ 是一个节点中被访问的值的期望数量，$\mathcal{L}$ 是所有节点中的最大数量。在 7.3 节介绍过准确度需求只需要一个对于 rw 的下界。

接下来设置 r 和 w，这在第 7.3 节中的 QUORUMSIZES 中用到。查询速率 μ 可以通过查询统计或标准数据库设计文献中的工作负载信息来获得。

定理 7.5 给出一个数据流输入速率 λ，一个读速率 μ，以及群体大小约束条件 $rw \geqslant c$，设置 $w = \sqrt{\dfrac{cb\mu}{2\lambda}}$ 以及 $r = \sqrt{\dfrac{2c\lambda}{b\mu}}$ 能够最小化期望负载 $E[\mathcal{L}]$，其中期望值来自节点队列的随机设置，每一个节点的最大缓冲区大小为 b。

证明 基于写和读的频率，在定义 7.3 中，写概率为 $\varphi = \dfrac{\lambda}{\lambda+\mu}$，则

$$\mathcal{L} = \mathcal{T}_i(\varphi) = \frac{\varphi \cdot w + (1-\varphi)Q(r)}{n} = \frac{\lambda w + \mu Q(r)}{n(\lambda+\mu)}(1 \leqslant i \leqslant n)$$

其中 $Q(r)$ 是一个关于 r 的函数，说明了当对一个读群体进行读操作时所访问值的数量。

接下来对 $E[Q(r)]$ 进行估计，可以从中派生 $E[\mathcal{L}]$。考虑每一节点上的数据流。在每一节点上，有一个输入速率为 $\lambda(t)$ 服务速率为 $\lambda(t-\tau)$ 的大小为 b 的有界队列。队列长度因此是一个平稳分布的马尔可夫链

$$\pi_i = \left[\frac{\lambda(t)}{\lambda(t-\tau)}\right]^i / z, \qquad 0 \leqslant i \leqslant b \text{ 是队列长度，} \pi_i \text{ 是其概率}$$

其中 z 是一个正则化常数。直观来说，当数据流输入速率增大，$\lambda(t) > \lambda(t-\tau)$，

分布倾向于更长的队列长度；而当数据流输入速率降低时，相反也成立。当数据流速率稳定，即 $\lambda(t) \approx \lambda(t - \tau)$ 时，队列长度是一个 $[0, b]$ 之间的均匀分布。因此，可以将每个队列的期望长度估计为 $b/2$，给出 $E[Q(r)] = rb/2$。因此，

$$E[\mathcal{L}] = \frac{\lambda w + \mu r b/2}{n(\lambda + \mu)}$$

为了根据约束条件 $rw \geqslant c$ 将 $E[\mathcal{L}]$ 最小化，可以使用拉格朗日乘子 [11] 并定义：

$$\Lambda(w, r, \theta) = E[\mathcal{L}] + \theta \cdot (rw - c) = \frac{\lambda w + \mu r b/2}{n(\lambda + \mu)} + \theta(rw - c)$$

因此，通过解

$$\frac{\partial \Lambda}{\partial w} = \frac{\lambda}{n(\lambda + \mu)} + \theta r = 0$$

$$\frac{\partial \Lambda}{\partial r} = \frac{\mu b/2}{n(\lambda + \mu)} + \theta w = 0$$

$$\frac{\partial \Lambda}{\partial \theta} = rw - c = 0$$

即获得定理中的结果。

定理 7.5 说明当读写比提高（即 μ/λ 提高）时，应该增大 w 并减小 r，因为此时读更多，这是很直观的。当每个队列的缓冲区大小 b 增大时，结论也是成立的。

7.5 可 用 性

7.5.1 故障概率以及读准确度

对于一个群体系统 $\mathcal{S}$ 来说，系统故障概率 $F_p\mathcal{S}$ 适用于衡量基于失效–停止模型的可用性 [1]。$F_p\mathcal{S}$ 定义为群体中至少一个节点失效的概率，其中 p 是一个节点失效的独立概率。$F_p\mathcal{S}$ 越小，$\mathcal{S}$ 可用性越高。在软群体中，可以将 $F_p\mathcal{S}$ 一般化为：由于一个群体不可用，读或写不能正确进行的概率。注意到节点出现故障只会影响读操作，这是因为如果 n 个节点中的 f 个节点出现故障，写操作只需要在剩余的 $n - f$ 个节点上进行。然而，对于读操作的数据，需要确保有一个群体没有被出现故障节点所影响。由于系统中每一个数据流的读群体大小不同，令最大读群体大小为 γ，$F_p\mathcal{S}$ 为一个读群体任意 γ 个节点至少有一个出现故障节点的概率，也就是至少有 $n - \gamma + 1$ 个节点出现故障，因此 $F_p(\mathcal{S}) = \sum_{i=n-\gamma+1}^{n} \binom{n}{i} p^i (1-p)^{n-i}$。如果

提高最大读群体大小 γ，则 F_pS 增大，意味着可用性更低。

当 n 个节点中的 f 个（$f \leqslant n-\gamma$）节点出现故障时，一个读操作通过从 $n-f$ 个节点中随机选择 r 个节点来进行。人们通常认为这将降低读操作准确度，然而，由于样本的随机分布，读操作的准确度并没有被影响。换句话说，一个整体样本上的一个严格的样本子集仍然是随机的。特别地，关于 F_pS 的公式以及第 7.3.2 节中的全部分析仍然成立。

7.5.2　重新构建故障节点

基于剩余的 $n-f$ 个节点，可以在最新批次的时间区间内恢复 f 个故障节点中丢失的数据。算法 7.4 RECOVERFAILEDNODES 恢复了 f 个故障节点中的数据，其主体思想是，对剩余节点中每一个数据项出现的次数进行计数，并在 f 个故障节点中添加一部分数据项，使每个数据项的总数达到 w。因此，无法被恢复的数据项只有那些只存在于 f 个故障节点中的数据项。

算法 7.4: RECOVERFAILEDNODES(N_f, N_r, λ, w)

Input: N_f：需要被恢复的 f 个故障节点
N_r：剩余的 $n-f$ 个健康节点
λ：数据流输入速率
w：写群体大小
Output: null (data in N_f is recovered)

1　$OC \leftarrow \varnothing$
2　**foreach** 节点 $n \in N_r$ **do**
3　　**foreach** n 上的数据项 ob **do**
4　　　**if** $\exists(ob, count) \in OC$ **then**
5　　　　将 OC 中元素替换为 $(ob, count+1)$
6　　　**else**
7　　　　$OC \leftarrow OC \cup (ob, 1)$

8　$c \leftarrow 0$
9　**foreach** $(ob, count) \in OC$ **do**
10　　**if** $count < w$ **then**
11　　　将 ob 的 $w - count$ 个副本随机分配到 N_f
12　　　$c \leftarrow c + (w - count)$

13　$c \leftarrow \left(\dfrac{\lambda \tau w f}{n} - c \right) / |OC|$
14　**foreach** $(ob, count) \in OC$ **do**
15　　将 ob 的 c 个副本随机分配到 N_f

算法的第 1—12 行完成计数并将缺少的数据项发送到 f 个故障节点上。第 13 行中 $\frac{\lambda \tau w f}{n}$ 是 f 个故障节点中数据项总数的期望值，如果发送到 f 个故障节点中的数据项数量少于这一期望，则将剩余的缺少的数据项数量均匀分布到所有数据项上，并将它们加入 f 个故障节点中（算法第 14、15 行）。这一恢复算法由协调员执行，通过信息交互来协调所有节点。接下来量化运行 RECOVERFAILEDNODES 算法后的数据质量，有可能在一次恢复后更多的节点发生故障。可以证明误差从本质上是累积的。

定理 7.6 在运行 RECOVERFAILEDNODES 算法后，n 个节点上的样本与原始样本之间的期望统计距离称为误差 ε，满足 $\varepsilon \leqslant \left(\dfrac{f}{n}\right)^{w}$。在这样一次恢复后，如果一些节点再次出现故障，包括之前没有出现故障的 f_2 个新节点，则在运行 RECOVERFAILEDNODES 后，有 $\varepsilon \leqslant \varepsilon_1 + \left(\dfrac{f_2}{n}\right)^{w}$，其中 ε_1 是这次恢复之前的误差。

证明 RECOVERFAILEDNODES 算法能够很容易地追踪剩余 $n - f$ 个节点中幸存数据项的缺失副本，丢失的数据项是那些只在 f 个故障节点中存在的数据项。这种缺失数据项的期望数量不超过 $m \cdot \left(\dfrac{f}{n}\right)^{w}$，其中 m 是数据项总数，这是因为一个数据项只存在 f 个故障节点中的概率是 $\displaystyle\prod_{i=0}^{w-1} \frac{f-i}{n-i} \leqslant \left(\frac{f}{n}\right)^{w}$。则，由引理 7.1 以及线性期望，在第 12 行之后，有 $\varepsilon \leqslant \left(\dfrac{f}{n}\right)^{w}$。接下来，由于算法在样本中为每个数据项加入相同数量的副本，可以观察到，在第 14、15 行循环体前后，样本的统计距离为 0。因此，由于统计/Jaccard 距离是一个度量标准 [10]，由三角不等式，在整个算法之后，有 $\varepsilon \leqslant \left(\dfrac{f}{n}\right)^{w}$。类似地，在一次恢复后再次的故障会引入一个额外的误差 $\left(\dfrac{f_2}{n}\right)^{w}$；然后再次由三角不等式，只需要简单地将误差相加，即可得到误差界 $\varepsilon_1 + \left(\dfrac{f_2}{n}\right)^{w}$。

定理 7.6 说明对于一个固定的 f 值来说，一个更大的 w 能够在恢复后得到更好的数据质量，给出一个更小的误差。因此，这在可用性或可恢复性以及性能之间提供了一个权衡。

7.6 实 验 研 究

本节通过系统实验回答如下问题：

- 是否能够验证 READQUORUM 中的有效采样率？WRITEQUORUM 中的数据项移除策略与其他替换策略比较结果如何？

- 对于自适应设置群体大小来说非常重要的数据流输入速率估计有多准确？

- 在真实数据集中，一个读群体样本和原始数据中的统计距离是什么，其与定理 7.4 中的保证比较如何？

- 是否能够验证 QUORUMSIZES 中所使用的群体大小和系统负载之间的联系？在自适应设置下，数据流输入速率以及系统负载之间的关系是什么？

- 当在真实数据集上运行查询时，实际读延迟是多少？与前期工作中针对数据存储的部分群体 [9]（不提供针对数据流的自适应性）或简单复制比较结果如何？

- 在恢复出现故障节点后，以及再次出现故障恢复后的数据质量如何？

7.6.1　实验数据及实验设置

实验使用如下两组真实数据集以及一组合成数据集进行。

（1）出租车数据集

这一数据集为美国旧金山湾区出租车的移动轨迹 [12]，包含超过 30 天大约 500 辆出租车的 GPS 坐标。目前，旧金山每辆黄色的出租车都装有 GPS 跟踪设备，数据实时地从每辆出租车发送到中心服务器上，调度员可以高效地服务客户。

（2）RFID 数据集

RFID 追踪数据 [13] 由 2008 年 6 月 18—20 日举办的第 7 届 HOPE 黑客大会收集。出席会议的每位与会者获得一枚 RFID 徽章，这些徽章在会场中识别并追踪每位参与者。数据可以用来驱动社交网络，并完全改变了会议的体验。

（3）合成数据

合成数据基于真实数据集生成，但是改变了如决定数据流输入速率的时间戳等参数。

实验实现了本章所描述的所有算法，并且在由 16 台计算机组成的集群上进行实验。每一台计算机配置英特尔双核处理器（2.66 GHz），每个核的缓存大小为 6 MB，机器内存为 1.7 GB。计算机通过带宽为 100 MB/s 的局域网连接。在默认情况下，实验使用一台计算机作为协调员，使用 15 台计算机作为数据节点，即 $n=15$。所有展示的结果是至少 3 次运行的平均值。

7.6.2 实验结果

1. 数据模式及查询

出租车数据有一个简单的模式 [经度，纬度，被占用，时间]，其中被占用表示出租车是否已载客（1 表示被占用，0 表示可用）。每辆出租车有一个单独的追踪文件，实验将所有文件汇总到一起，产生一个基于不同元组的时间属性的实时数据流。实验以用户定义的函数写成 SQL 形式。

RFID 数据集中的主数据流文件模式为 [时间，tag_id，area_id，x, y, z]，其中 tag_id 表示参会者，area_id 表示一个特别的会议地点如房间名、工作区或电梯等。数据集也包含了对特定 tag_id 的兴趣列表。实验运行了两个参会人可能感兴趣的查询："告诉我对网络安全感兴趣的人的分布情况"，以及"告诉我有最多的人的房间名"。

2. 采样率

第一组实验衡量了协调员在不同参数设置下，从一个读群体中获取的读样本的实际采样率。实验基于定理 7.1 计算理论采样率，并将其与在读群体中实际观测到的采样率进行比较，结果如图 7.2 所示。观察到的采样率与定理 7.1 中的结果非常接近，证实了理论分析的高度准确性。并且，随着 w 或 r 的增加，采样率也有所增加，并接近于 1。

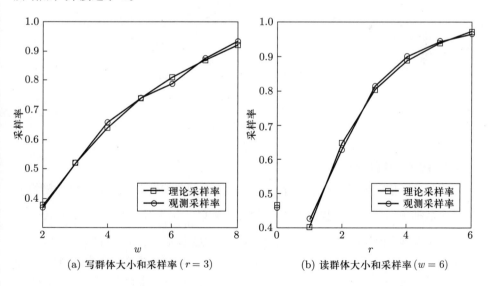

(a) 写群体大小和采样率（$r = 3$）　　　(b) 读群体大小和采样率（$w = 6$）

图 7.2　读写群体大小和采样率

接下来，固定 $w = 6$ 以及 $r = 2$，测试对于不同的数据输入速率 λ，特别是当每一数据节点中的缓冲区达到最大容量并且移除算法产生作用时，系统的表现如何。实验使用 $b = 100$ 以及 $\tau = 180$ s。当 $\lambda = 2$ 时，数据节点时间区间内的期望数据项数量为 $\frac{\lambda \tau w}{n} = 144 > b$，移除算法将产生影响。

基于出租车数据集，实验产生（期望）数据流输入速率从 1 到 6 的不同的随机合成数据集。结果如图 7.3 所示。再一次，实验所观测到的采样率与定理 7.1 中的结果十分吻合。在 READQUORUM 算法中，通过将输入参数 $uniform$ 设为假，可以得到一个非均匀但是更大的样本，它的采样率也显示在图 7.3 中。由于 w 值在 Q 中没有显著变化，但当 Q 满时 w 减小，它们仍然发生变化，之后的数据项有一个更大的 w，它的值仅稍大一点。

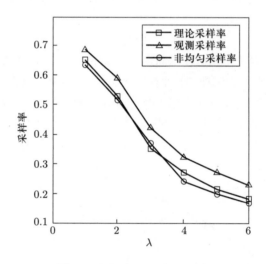

图 7.3　数据流输入速率和采样率

3. 缓冲区移除策略

将缓冲区移除策略（WRITEQUORUM 中）与简单替换方法，即在 Q 中随机移除一个数据项，并将剩余数据项的 w 值直接乘以 $\frac{b}{b+1}$，以及 READQUORUM 算法的一个变种，使用读群体中所有 r 个节点中的最小 w 值，来进行比较，如图 7.4 所示，显示本章介绍的移除策略算法能够达到最高均匀采样率。随着 λ 增大，随机移除性能变差。因为随着 λ 增大，其中的 w 值更多，Q 趋向于变得更加动态。在这种情况下，一个审慎的移除算法表现出更大的优势。实验结果与定理 7.2 的分析一致。

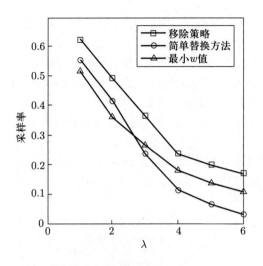

图 7.4　移除策略和对比方法

4. 适应性和准确性保证

接下来证实对于数据流输入速率估计 $\hat{\lambda}$ 的准确度。从图 7.5 可以看出，数据输入速率估计是非常准确的。接下来，实验研究软群体大小和读准确度之间的关系，以统计距离来进行衡量。

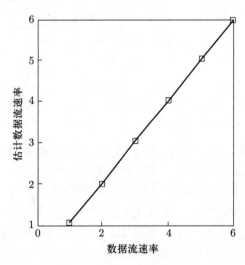

图 7.5　数据流输入速率估计

对于出租车数据，实验实现了一个使用标准算法的方法来计算以经纬度定位的两点之间的距离（以米为单位）。将整个空间划分为区块，每个区块长宽各 100 m，这些区块用于出租车的直方图经验分布。结果显示在图 7.6 中。实验固定 $r = 3$ 并改变 w 值。为了比较，实验对于 RFID 数据项不进行分组，仅衡量样本间的统计数据，在图 7.6 中表示为 RFID 数据。首先，样本上的统计距离大于分组后，说明样本上的统计距离是一个更强的保证。其次，随着 w 增加，统计距离减小，产生更大的准确性。READQUORUM 算法提供了期望统计距离或 (Δ, ε)-一致性保证。实验计算能够被确保的最大统计距离，以及期望 $\varepsilon = 0.1$ 时的 $1 - \varepsilon$ 置信度衡量（90% 置信度）。图 7.6 中 90% 置信度曲线显示了 (Δ, ε)-一致性是比期望最大统计距离更强的保证（证实了定理 7.4），而随着 w 增加，这二者有相同的趋势。

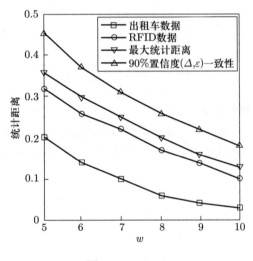

图 7.6　统计距离

5. 负载

接下来检测负载 $\mathcal{L}$，结果显示在图 7.7 中。出租车数据有 $\lambda \approx 1$，设置查询速率 $\mu = 1$，$b = 10$。通过固定 $rw = 20$，研究不同 w 值和负载 $\mathcal{L}$ 之间的关系。通过收集数据节点上每次群体访问时，实际访问数据项的数量来衡量 $\mathcal{L}$。

类似地，使用相同的参数，对 RFID 数据重复进行实验，RFID 数据有着更大的平均数据流输入速率（$\lambda \approx 15$）。如图 7.7 所示，对于出租车数据，当 $w = 10$ 时系统负载最小，而对于 RFID 数据，当 $w = 3$ 时系统负载 $\mathcal{L}$ 最小，这与定理 7.5 也是一致的。

接下来使用不同的稳定数据流来进行实验，有输入速率为 λ 的合成数据集，固定的查询速率 μ。实验观察 λ/μ、$rw = 20$ 以及使用定理 7.5 所选择的 r 之间的

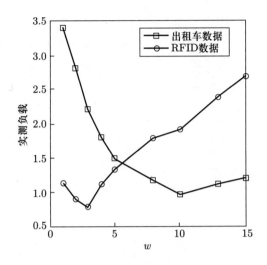

图 7.7　固定 rw 时的负载

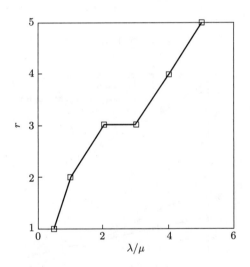

图 7.8　λ/μ 和最优 r

关系。结果如图 7.8 所示。随着 λ/μ 增大，所选的读群体大小 r 也逐渐增大。这是因为随着 λ/μ 增大，算法将会减小写群体大小 w 并增大读群体大小 r 来最小化系统负载 $\mathcal{L}$，同时保持相同等级的准确度保证。图 7.9 显示随着数据流速率 λ 增加，实测负载的变化情况。随着数据流速率增加，负载反而轻微下降。这是因为负载的定义是"每群体访问"时所访问的数据项的数量。λ 增加，一个群体访问更可能是一个写操作，而写操作比读操作只访问更少的数据项。当然，当考虑整个网络流量负载时，需要乘以一个群体访问频率因子（这与 λ 和 μ 的绝对值有关）。

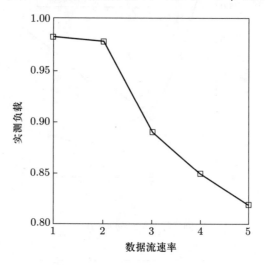

图 7.9　数据流输入速率和负载

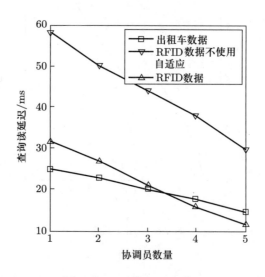

图 7.10　读操作延迟和适应性

6. 访问延迟和适应性

接下来模拟真实数据流进入系统，对实时查询访问读群体的性能进行研究。实验也与前期工作中针对数据存储的部分群体 [9]（没有自适应性）以及简单复制的性能进行比较。软群体系统基于当前数据流输入速率，阶段性地（每 5 s 一次）自适应地设置新的 w 和 r 值。实验使用 $n = 11$，因此可以使用最多 5 个协调员。实验将查询速率固定为 $\mu = 1$，但改变协调员数量，将系统写操作及查询负载平衡分布于各协调员。结果显示在图 7.10 中。

首先在出租车数据集上进行实验。查询读群体延迟大约为 20 ms，随着协调员数量增加，延迟轻微下降。这是因为随着将查询以及流数据输入的处理分布在更多协调员上，网络流量更加分散，拥堵更少。

随后在 RFID 数据集上进行实验。检测基于新的 RFID 数据集输入数据流速率，非自适应地设置 w 和 r 的性能，使用出租车数据集最后一个快照中所使用的 w 和 r 值。结果显示在图 7.10 中。可以看到查询读延迟比出租车数据集下降得更快。这是因为 RFID 数据集的平均数据流输入速率约为 15，比出租车数据集中的数据流输入速率（平均速率 $\lambda \approx 1$）大得多。在不使用自适应时（如之前工作中的群体策略），旧的 w 值和 r 值是非最优的，并且会导致更长的查询读延迟。在实验之后允许对 w 和 r 自适应设置后，能够选择最优的群体大小，显著减少了查询读群体延迟，如图 7.10 所示。

类似地，其他群体算法例如概率群体 [14] 并不能基于数据流输入速率选择最优群体大小，因此会导致更长的延迟。扩展部分群体 [9] 以及其他的简单复制方案，如将所有数据项发送到所有 n 个数据项节点中，相对于软群体自适应选择最优 w 和 r 策略有大约 17 倍的读延迟。这是因迅速增长的网络流量导致的，对于高速数据流来说，更是如此。况且，如之前所讨论过的，其他群体算法不能够提供随机均匀采样，或权衡准确度及可用性的调节点。在图 7.10 中，随着协调员数量的增长，RFID 数据集的延迟继续下降。这是因为如果只使用一个协调员，RFID 数据集的网络流量非常大，会导致严重的拥堵；而使用多个协调员在流量方面有明显的缓解。

7. 恢复及数据质量

设节点数 n 为 15，并使用 $w = 5$ 以及 $r = 3$，首先通过清除队列 Q，人为地使任意 f 个节点出现故障。之后运行 RECOVERFAILEDNODES，并衡量恢复后数据的质量。出租车数据集的结果显示在图 7.11 中（RFID 数据集有相似的结果因此略去）。实验首先衡量恢复后从 n 个节点收集的所有数据项与 f 个节点出现故障后从 $n - f$ 个节点收集的所有数据项的统计距离，并与定理 7.6 给出的理论上界进行对比。在图 7.11 中，恢复后出现故障节点数为 8 时（超过总节点数的一半），对应的统计距离小于 0.03，符合理论值。之后对恢复后从读群体中收集的样本，以及出现故障和恢复前原始数据流中的样本的统计距离进行测试。实验将这一曲线与原始读群体进行对比。对于 $f \leqslant 8$，统计距离的差距不超过 0.1，对于 $f \leqslant 4$，统计距离的差距不超过 0.03。最后，对再次节点出现故障和恢复后的数据质量进行测试。从起始出现故障数 $f = 4$ 并恢复开始，随后人为地使 f_2（一个变量）个新节点出现故障，并再次恢复。像前一组实验中一样进行了相同的比较，结果显示在图 7.12 中，其中的比较是与第一次出现故障前相应的数据进行比较。再一次，取自 n 个节点的样本间的统计距离是非常小的，并且与根据定理 7.6 计算出的理论值非常接近。可以看出来自一个读群体的样本的误差有一个积累自第一次出现故障（$f = 4$）的基础部分。这些数据恢复实验验证了第 7.5 节中分析的正确性。

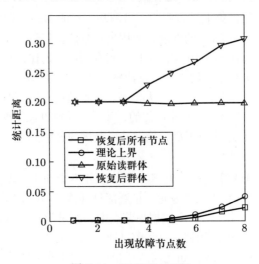

图 7.11　恢复后的准确度

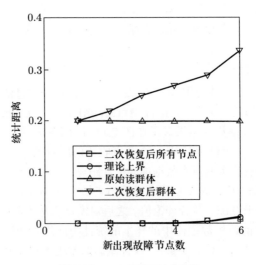

图 7.12　二次恢复后的准确度

7.6.3 实验总结

实验验证了软群体能够为高速率动态数据流提供高可用性、准确性以及实时性等性能方面的平衡。本章介绍的采样率估计是非常准确的，并且缓冲区替换策略达到了最优准确度。软群体通过准确估算数据流输入速率，调整 r 和 w 参数，并提供严格的准确度保证来自适应动态数据流。通过参数的选择以及动态流数据的自适应能够最小化系统负载，并且在访问延迟方面优于以前的群体系统，设计目标不针对流数据的复制策略。最后，在节点出现故障恢复后，仍然保持很好的数据质量。

7.7 相 关 工 作

本节介绍了严格群体以及非严格群体的一些相关工作，感兴趣的读者可参考进一步继续研究。

严格群体有研究文献如 [1]。非严格群体在 [9] 中称为部分群体，也有一些研究。在部分群体系统中，两个群体可能并不重叠。有两种类型的部分群体：k-群体 [15] 以及概率群体 [14]。k-群体保证了返回最近写入的 k 个版本中的值，但由于流数据元组通常只包括插入而不包括更新，这对于流数据并不适用。概率群体系统保证了任意两个群体相交的概率。例如，一个 ε-相交概率群体系统确保任意两个群体以不小于 $1 - \varepsilon$ 的概率相交。通常情况下，为了使系统的一致性损失较小，ε 通常期望为一个非常小的值。Amazon Dynamo [16]、Cassandra [17]、Riak [18] 以及 Voldemort [19] 中使用的部分群体系统称为扩展部分群体系统 [9]。

软群体系统的目标系统是面向服务的数据流系统（SOSS），因此可以看作部分群体系统的进一步松弛，它不要求两个群体有高的相交概率。因此，实际应用可以使用较小的群体大小，能够产生较高的可用性以及较好的性能。

7.8 本 章 小 结

考虑到为面向服务的数据流系统（SOSS）提供高可用性的重要性，本章介绍了为数据流提供的软群体方案。软群体解决了与复制有关的要求，并解决了过载问题，这一设计适用于动态数据流并确保了查询结果的准确性。本章设计了基于准确性要求以及最小化负载的选择群体大小的算法，为出现故障节点设计了恢复算法并研究了恢复后的数据准确度。本章基于真实数据集和合成数据集的完善的实验，显示了软群体在为 SOSS 提供高可用性方面提升了现有技术，并在可用性、准确性和实时性等性能方面提供了一个微妙的平衡。

参 考 文 献

[1]   Naor M, Wool A. The load, capacity, and availability of quorum systems [J]. SIAM Journal of Computing, 1998, 27(2): 423-447.

[2]   Vitter J S. Random sampling with a reservoir [J]. ACM Transactions on Mathematical Software, 1985, 11: 37-57.

[3]   Koudas N, Srivastava D. Data stream query processing [C]. Proceedings of the 4th International Conference on Web Information Systems Engineering, Roma. Washington D. C.: IEEE Computer Society, 2003: 374.

[4]   Babcock B, Babu S, Datar M, et al. Models and issues in data stream systems [C]. Proceedings of the 21st ACM SIGMOD-SIGACT-SIGART Symposium on Principles of Database Systems, Madison. New York: ACM, 2002: 1-16.

[5]   Acharya S, Gibbons P B, Poosala V, et al. Join synopses for approximate query answering [C]. Proceedings of the 1999 ACM SIGMOD International Conference on Management of Data, Philadelphia. New York: ACM, 1999: 275-286.

[6]   Chaudhuri S, Motwani R, Narasayya V. On random sampling over joins [C]. Proceedings of the 1999 ACM SIGMOD International Conference on Management of Data, Philadelphia. New York: ACM, 1999: 263-274.

[7]   Ruggles R, Brodie H. An empirical approach to economic intelligence in WWII [J]. Journal of the American Statistical Association, 1947, 42(237): 72-91.

[8]   Harris J W, Stocker H. Handbook of Mathematics and Computational Science [M]. Berlin: Springer, 1998.

[9]   Bailis P, Venkataraman S, Franklin M J, et al. Probabilistically bounded staleness for practical partial quorums [J]. Proceedings of the VLDB Endowment, 2012, 5(8): 776-787.

[10] Tan P, Steinbach M, Kumar V. Introduction to Data Mining [M]. London: Pearson, 2005.

[11] Arfken B G, Weber J H, Harris E F. Mathematical Methods for Physicists [M]. 3rd ed. New York: Academic Press, 1985.

[12] CRAWDAD 出租车数据集 [DB].

[13] CRAWDAD RFID 数据集 [DB].

[14] Malkhi D, Reiter M K, Wool A, et al. Probabilistic quorum systems [J]. Information and Communication, 2001, 170(2): 184-206.

[15] Aiyer A, Alvisi L, Bazzi A R. On the availability of non-strict quorum systems [C]. Proceedings of the 19th International Conference on Distributed Computing, Cracow. Berlin: Springer, 2005: 48-62.

[16] Decandia G, Hastorun D, Jampani M, et al. Dynamo: Amazon's highly available key-value store [C]. Proceedings of 21st ACM SIGOPS Symposium on Operating Systems Principles, Stevenson. New York: ACM, 2007: 205-220.

[17] Lakshman A, Malik P. Cassandra-a decentralized structured storage system [J]. ACM SIGOPS Operating Systems Review, 2010, 44(2): 35-40.

[18] RIAK 官方网站 [EB].

[19] Project Voldemort 官方网站 [EB].

第 8 章　数据流时间序列真实数据集

本书系统性地对数据流时间序列上的事件匹配问题，依据流数据模型的难易程度从易到难分别进行了介绍，同时介绍了提高流数据服务系统性能的查询处理时间分配方案以及数据保护方法。本章将按照普通流数据以及图模式下的流数据两部分，分别介绍可用于实验的真实数据集。这里没有对静态时间序列和动态流数据进行区分，原因在于静态序列和流数据在本质上都需依据数据项产生的先后关系进行排序。对于图数据流来说，若不考虑动态边之间的拓扑结构关系，仅将边作为一个普通数据项处理，则图数据流数据集也可用于普通流数据的实验。读者若有意进行数据流时间序列方面的研究，在寻找用于实验的真实数据集时，可参考本章的内容。

8.1　普通流数据数据集

1. 股票数据 [1, 2]

Kibot 提供了购买股票的分笔交易数据。包括自 2009 年 9 月起的标准普尔 500 指数（IVE 数据），分笔交易数据的数据格式为：日期、时间、价格、出价、询价、交易量，其中出价、询价数据在交易发生时记录，代表了跨多个交易所的股市最佳买卖价格。截至 2019 年 1 月 15 日，该数据集包含了超过 650 万条数据记录。在进行相关研究时，可使用日期与时间共同作为时间戳，其余数据可用于检测不同特性。西部数据（WDC）数据集记录了自 2010 年 2 月起的分笔交易记录，该数据集包含超过 4 800 万条数据记录，数据格式与 IVE 数据相同。

2. 微软研究院 GPS 数据 [3]

该轨迹数据集出自微软研究院 GeoLife 项目。数据集包括了从 2007 年 4 月到 2012 年 8 月共 182 名用户的轨迹数据，一条 GPS 轨迹表示为一个时间序列，其中每一条记录都包含经度、纬度以及高度信息。数据集共包括 17 000 余条轨迹信息，总距离超过 1.2×10^6 km，总持续时间超过 5 万小时。数据集中超过 90% 的轨迹每 $1 \sim 5$ s 或每 $5 \sim 10$ m 就会记录一个轨迹点。每条记录的数据格式为：纬度、经度、全部置为 0 的列、高度、自 1899 年 12 月 30 日起跨过的时间天数（包含小数部分）、以字符串表示的日期、以字符串表示的时间。本书第 2 章中的实验采用了这一数据集。

3. kosarak 数据集 [4]

这一数据集包含一个匈牙利门户网站的匿名点击流数据，数据记录按时间排序，每一条数据记录表示一个点击会话。每一个点击会话包含一系列新闻项，每一个新闻项使用一个整数表示。整个数据集包含近 100 万条点击会话，超过 800 万个数据项，以及 4 万余项其他数据项。[4] 是一个频繁项集挖掘数据集存储库，其中还包含一些其他的可用于频繁项集挖掘研究的数据集。kosarak 数据集用于本书第 3 章的实验中。

4. World-cup 数据集 [5]

这一数据集包含 1998 年 4 月 30 日—1998 年 7 月 26 日发送到 1998 年世界杯网站上所有的请求。在这一时间段内，网站接受了超过 13 亿条请求。数据集中的每一条记录表示了发送到网站的一条请求。一条记录的数据格式为：

（1）时间戳：即请求发送的时间，以 UNIX 时间表示；

（2）用户 ID：以一个整数表示发送请求的用户，每一个用户 ID 对应唯一的一个 IP 地址；

（3）目标 ID：即请求地址，以整数表示，每一个整数表示一个唯一的请求地址；

（4）大小：即应答内容的字节数；

（5）方法：用户发送请求的方法，如 GET；

（6）状态：即用户请求的 HTTP 版本，以及应答状态码；

（7）类型：即请求文件的类型（如网页、图像等）；

（8）服务器：说明哪一服务器处理了请求，共有 33 台不同的服务器用于处理请求。

World-cup 数据集是一个规模庞大的具有标准化格式的匿名真实数据集，研究者可使用其进行流数据处理及其他领域的研究。本书第 3 章使用这一数据集进行了实验。

5. 出租车（Cab）数据集 [6]

这一数据集包含了美国旧金山湾区出租车的移动轨迹，该数据集来自 CRAW-DAD [7] 数据仓库，还包含其他各种无线网络数据集。该数据集包含超过 30 天大约 500 辆出租车的 GPS 坐标信息，其中每个文件包含一辆出租车的轨迹信息，每条数据记录包括经度、纬度、是否载客以及时间戳，GPS 信息实时地从出租车发送到中心服务器上。每辆出租车的轨迹信息包含从 900 余条到近 5 万条不等的轨迹记录。

6. RFID 数据集 [8]

这一数据集同样来自 CRAWDAD 数据仓库 [7]。这一数据集由 2008 年 6 月 18—20 日举办的第七届 HOPE（地球上的黑客）会议上收集。通过每名与会者获得的 RFID 徽章，识别并追踪参与者。该数据集包括国家与 ID 的对应信息、参会者创建标签时间的对应信息、感兴趣项目与项目 ID 的对应信息、参会者与感兴趣项的对应信息、参会者轨迹信息、参会者呼叫其他参会者信息、RFID 标签地点信息、移动网络信息、活动记录信息、谈话记录信息、谈话列表信息、用户与谈话 ID 对应信息等。其中参会者轨迹信息可用于流数据实验，参会者呼叫其他参会者信息可用于构建图数据流。以参会者轨迹信息为例，数据包括 700 余条轨迹记录，所需对应元信息可在其他静态列表中找到。每条记录包括用户 ID、地点、邮件地址、房间号、电话号码、年龄、性别、国家以及网络提供者等信息。

7. 银行设备状态数据集 [9]

该数据集来自 VAST Challenge 2012。虽然该比赛早已关闭，但数据集仍可使用，在页面下方填写邮箱信息后即可下载，其中 Mini-Challenge 1 数据集即是银行设备状态数据集。数据集包括近 90 万台银行设备的健康状态时间序列流。设备信息包括连接数量以及活动标志如正常、CPU 完全占用、故障处理以及多次非法登录尝试等。数据集大小为 7.42 GB。属性包括 ID、IP 地址、时间、连接数量、状态以及活动标志。另外一个较小的表格包含设备的元数据，属性包括 IP 地址、机器类别、机器作用、商业单元、设施以及经纬度。数据根据时间排序，可用于流数据处理方面的研究。

8. 天气预报数据集 [10]

数据来自美国国家气候数据中心，该中心提供实用工具可在线获取实时天气数据信息，内容包括不同时间不同地区的经纬度、风速、云覆盖量以及降水量。本书第 7 章的实验使用了这一数据集，获取了连续 5 小时的气候数据，数据集大小约为 80 MB。

8.2　图数据流数据集

1. 道路网络（Road）数据集 [11]

这一数据集包含了香港实时道路网络交通图，可提供自 2005 年 3 月 1 日起至当前的数据集。可选取相应时间段下载需要的数据，也可进行数据的实时抓取。这一图数据流以 XML 形式呈现，每 2 分钟更新一次，每一段 XML 数据表示一个路段的一次检测情况，可对应图数据流的一条进入边，也可作为普通数据流的一个数据项。每条数据包括监测时间、道路两端的顶点标识符、区域、道路类型、道路饱和度以及行驶速度。点和边的对应信息在一个静态 XLS 表中提供。这一数据集既可用于流数据方面的研究，也可用于交通状况方面的研究。

2. 电话网络（Phone）数据集 [12]

这一数据集来自 MIT 现实挖掘项目，该项目于 2004—2005 年在 MIT 媒体实验室进行。研究追踪了 94 个实验对象，实验对象的手机预先安装了一些软件，可记录并发送实验对象关于通话记录、5 米内蓝牙设备、手机信号发射塔标识符以及应用程序使用情况和电话状态的数据。图数据流中的每一个数据项（即每条边）都包含电话呼叫者标识符、电话应答者标识符、通话开始时间以及通话时长。数据集共包括超过 5 万条数据。这一数据集同样来自 CRAWDAD [7] 数据仓库。

3. 专利（Patent）数据集 [13]

这一数据集包括了 1963 年 1 月至 1999 年 12 月期间获得的近 300 万份美国专利的详细信息、1975—1999 年期间超过 1 600 万次对这些专利的引用信息以及与 Compustat（所有在美国股票市场交易公司的数据集）专利相当广泛的匹配。作为图数据流使用时，图中的每一个顶点表示一项专利，图数据流中的一条边表示专利 A 引用了专利 B。一项专利包含多项信息，如授权日期以及第一发明者国籍等。

4. DBLP 数据 [14]

这一数据集以 XML 格式呈现，每月初提供更新版本。每一数据项根据文章类别的不同，包括数据项标识符、数据项更新时间、作者、题目、页码、年份、卷号以及期刊名等。用户可根据需求提取需要的信息。当作为图数据流使用时，一条边即表示一位作者发表了一篇文章，而一篇文章可有多位共同作者，由此构成作者文章网络。更多关于该数据集的具体描述可在 [15] 中找到。

5. 安然邮件（Enron）数据 [16]

这一数据集包括安然公司大约 150 名员工的大约 50 万封邮件数据。每出现一次发送邮件事件，即产生一条记录。数据集包括动态的邮件发送信息，每条记录包括信息 ID（对应到接收者 ID）、发送者、发送日期及时间、来自邮件服务器的邮件 ID、邮件主题、邮件内容以及邮件文件夹。当作为图数据流使用时，每产生一次邮件发送事件，即对应发送者到接收者的一条边。整个数据集包括超过 70 000 名参与者（顶点），超过 17 000 名发送者，以及超过 68 000 名接收者，产生超过 1 000 000 条边。数据集还包括静态的发送者与接收者等元信息，如雇员姓名、雇员职位以及雇员邮件地址等内容。数据集可用于图数据流以及社交网络等方面的研究。

8.3 本 章 小 结

本章主要介绍了在进行数据流和时间序列研究以及图数据流研究时可用的一些数据集。对于图数据流来说，数据流中的每一个数据项对应图数据中的一条边，当不考虑数据项之间拓扑结构上的连接关系时，即转化为普通数据流。对于普通数据流来说，当不考虑数据流的实时性，而只考虑数据项产生时间的先后关系时，也可转化为静态时间序列数据。此外，除了本章提到的这些已有的数据集外，研究者还可使用如 twitter4j [17] 等 API 进行在线流数据获取，并可根据需要构建图数据流。

参 考 文 献

[1] Kibot 官方网站 [EB].

[2] Kibot. 官方免费数据集 [DB].

[3] Zheng Y, Zheng L, Xie X, et al. Mining interesting locations and travel sequences from GPS trajactories [C]. Proceedings of the 18th International Conference on World Wide Web, Madrid. New York: ACM, 2009: 791-800.

[4] Frequent itemset mining dataset repository [DB].

[5] 1998 world cup web site access logs [DB].

[6] CRAWDAD. mobility 数据集 [DB].

[7] CRAWDAD 官网 [EB].

[8] CRAWDAD. HOPE 数据集 [DB].

[9] Vast 2012 challenge. 银行状态数据集 [DB].

[10] NCDC forecast data [EB].

[11] 香港交通状况数据报告 [EB].

[12] CRAWDAD. reality mining 数据集 [DB].

[13] NBER 专利引用数据 [EB].

[14] DBLP 数据集 [DB].

[15] Ley M. DBLP - some lessons learned [J]. Proceedings of the VLDB Endowment, 2009, 2(2): 1493-1500.

[16] 安然公司邮件数据集 [DB].

[17] twitter4j 官方网站 [EB].